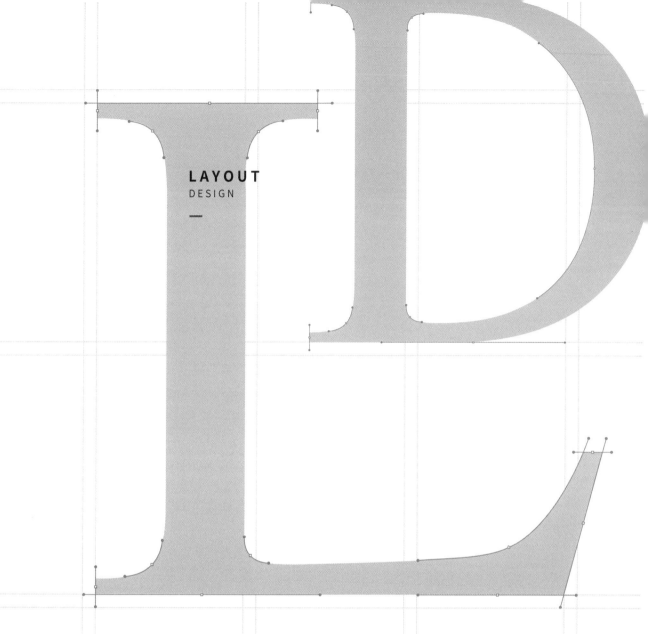

LAYOUT

DESIGN

版式设计 基础与实战

侯维静 ——————— 编著

小白的进阶学习之路

人民邮电出版社

北京

图书在版编目（CIP）数据

版式设计基础与实战：小白的进阶学习之路 / 侯维静编著. -- 北京：人民邮电出版社，2022.8（2024.6重印）
ISBN 978-7-115-59115-9

Ⅰ．①版… Ⅱ．①侯… Ⅲ．①版式－设计 Ⅳ．①TS881

中国版本图书馆CIP数据核字（2022）第078628号

内 容 提 要

本书是一本全面、系统和实用的版式设计教程，以浅显易懂的方式讲解版式设计的核心知识，帮助设计师快速掌握版式设计的相关技巧，轻松制作出精彩的设计作品。本书共 11 章：第 1～3 章讲解版式设计的基本原理，包括基础理论、栅格系统和文案撰写方面的知识；第 4～7 章讲解版式设计的关键技巧，包括文字、图片、线在版式设计中的运用和常见的版式结构；第 8～10 章讲解版式设计的进阶内容，包括字体设计、运用对比和提升画面设计感的技巧；第 11 章为实战演示部分，通过分析海报、画册、包装、Banner 和长图的设计案例来详细讲解版式在实际工作中的运用。本书将设计技巧讲解得细致入微，在内容安排上由易到难、由点到面，可为设计师提供全面的版式设计方法和灵感。

本书适合平面设计师、平面设计专业的学生和自学版式设计的爱好者使用，也可以作为艺术设计专业的教材。

◆ 编　　著　　侯维静
　　责任编辑　　王振华
　　责任印制　　马振武

◆ 人民邮电出版社出版发行　　北京市丰台区成寿寺路 11 号
　　邮编　100164　　电子邮件　315@ptpress.com.cn
　　网址　https://www.ptpress.com.cn
　　北京宝隆世纪印刷有限公司印刷

◆ 开本：787×1092　1/16
　　印张：15　　　　　　　　　　　2022 年 8 月第 1 版
　　字数：480 千字　　　　　　　　2024 年 6 月北京第 7 次印刷

定价：129.80 元

读者服务热线：(010)81055410　印装质量热线：(010)81055316
反盗版热线：(010)81055315
广告经营许可证：京东市监广登字 20170147 号

前言

　　在上一本书《平面设计基础与实战——小白的进阶学习之路》出版之后，我没有想到还会写第2本书。由于很多读者通过各种方式找到我并向我反馈上一本书给予他们的帮助，我备受鼓舞，因此在编辑的建议下，决定再写一本关于版式设计的书。有了之前的编写经验，在编排本书的内容时我花了更多心思，希望读者阅读后能有所收获。

　　在本书内容的编排上，我运用了当教师时掌握的认知规律，融入了一些教学方法。例如，前面的章节简单提及的知识在后面的章节中会再次出现，用循序渐进和螺旋上升的方式讲解知识点。如果大家在读到后面的内容时能自然联系起前面的内容，在脑海中把整本书的知识织成一张"网"，便真正掌握了版式设计的方法和技巧。

　　面对设计时，有的人常常过于关注"天赋"和"灵感"，并用它们来解释为何自身设计水平难以进步，这往往会让人产生更强的挫败感。其实设计是兼具技术性和艺术性的，技术性需要遵循原理和规律，可以被重复使用。版式设计就是设计中的"技术"，设计师在掌握了版式设计后画面就有了基础保障，然后便可以在这个基础上发挥艺术创意了。

　　本书主要介绍版式设计的原理和技巧，既有"内功心法"，又有"外功招式"。归根结底，我希望大家掌握的还是原理，因为技巧是对原理的应用、印证和反推。掌握原理后，就可以在应用技巧时得到更多启发，更能理解从原理到应用的过程，从而融会贯通，并总结出新的技巧。

　　另外，本书第1~10章的最后都安排了"观察作业"这一板块，旨在帮助大家养成观察的习惯。无论你是在逛街购物时，还是在浏览网页时，都要时刻保持设计师的敏锐度并多思考，思考"这是如何设计的"和"为什么要这样设计"，还可以进一步思考"如果改动一下会不会更好"和"为什么不能这样改"。

　　最后祝大家能在设计中获得乐趣，要相信"结果不会说谎"，让我们一起努力吧！

侯维静

艺术设计教程分享

本书由"数艺设"出品,"数艺设"社区平台(www.shuyishe.com)为您提供后续服务。

扫码关注微信公众号

"数艺设"社区平台, 为艺术设计从业者提供专业的教育产品。

与我们联系

我们的联系邮箱是 szys@ptpress.com.cn。如果您对本书有任何疑问或建议,请您发邮件给我们,并请在邮件标题中注明本书书名及ISBN,以便我们更高效地做出反馈。

如果您有兴趣出版图书、录制教学课程,或者参与技术审校等工作,可以发邮件给我们。如果有学校、培训机构或企业想批量购买本书或"数艺设"出版的其他图书,也可以发邮件联系我们。

如果您在网上发现任何针对"数艺设"出品图书的各种形式的盗版行为,包括对图书全部或部分内容的非授权传播,请您将怀疑有侵权行为的链接通过邮件发给我们。您的这一举动是对作者权益的保护,也是我们持续为您提供有价值的内容的动力之源。

关于"数艺设"

人民邮电出版社有限公司旗下品牌"数艺设",专注于专业艺术设计类图书的出版,为艺术设计从业者提供专业的图书、视频电子书、课程等教育产品。出版领域涉及平面、三维、影视、摄影与后期等数字艺术门类,字体设计、品牌设计、色彩设计等设计理论与应用门类,UI设计、电商设计、新媒体设计、游戏设计、交互设计、原型设计等互联网设计门类,环艺设计手绘、插画设计手绘、工业设计手绘等设计手绘门类。更多服务请访问"数艺设"社区平台(www.shuyishe.com),我们将为您提供及时、准确、专业的学习服务。

目录

目录

第5章 完成合适的配图：图片的使用方法 **89**

目录

目录

第 **1** 章

你一定能听懂：
版式基础理论

版式设计是指在有限的版面空间中对图片和文字等元素进行有效的编排，其目的是使设计在符合审美、令人愉悦的同时，能快速吸引目标人群并提高他们获取信息的效率，让整个设计看起来既简洁又层次分明。本章将重点介绍一些非常基础的排版知识。不要小看这些基础知识，只有打牢基础并把握好细节，设计出来的作品才会更出色。

1.1 对齐

排版可使版面更美观。排版时通常会先进行对齐操作，不同的对齐方式适用于不同的情况。本节将列举几种对齐方式，读者可以对比并感受一下它们之间的区别。

1.1.1 文本对齐

文本对齐对读者来说并不陌生，常见的文本对齐方式有以下3种。

- **单边对齐**

单边对齐分为左对齐、右对齐、顶对齐和底对齐4种方式。它的特点是段落整体呈现一边对齐的形态，形成一条隐形的"线"，使版面显得整齐有序。左对齐是很常用的对齐方式，用于文字在左侧的情况。右对齐与左对齐相反，用于文字在右侧的情况。顶对齐和底对齐常用于竖向排版的版面，也可以用于标题或想表达古典气质的版面中。

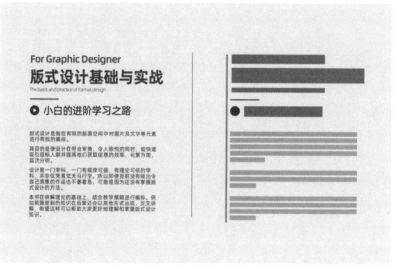

左对齐

> **提示** 由于右对齐和底对齐不符合大多数人的阅读习惯，因此使用时要谨慎，尽量避免将这两种对齐方式用于大段正文中。

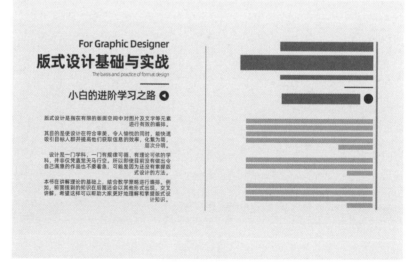

右对齐

顶对齐

底对齐

· 居中对齐

居中对齐时，隐形的"线"在版面中间，像一个骨架，可以表现出中正、平和的美感。居中对齐常用于证书、欧式婚礼请柬和中式标签等设计中。

提示 如果证书和请柬使用居中对齐方式进行排版，应注意不要使用黑体这一类的字体，建议使用一些具有装饰性的字体或者随意点的手写体，以契合版面风格。关于字体的知识，本书后面会详细讲解。

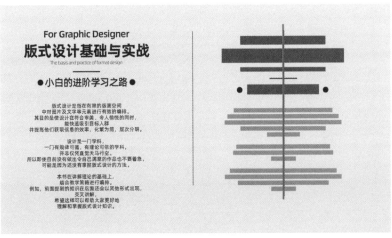

居中对齐

- **两端对齐**

两端对齐的特点是文本呈现左右两端对齐的形态，整体效果非常规整。这种对齐方式常用于有大量文字的版面，如画册和杂志的版面等。

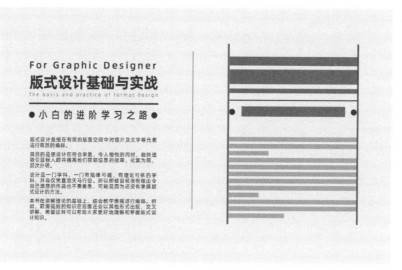

两端对齐

需要注意的是，**在同一版面中，一般情况下只采用一种对齐方式**。在右侧两个版面中，明显第2个版面比第1个版面让人感觉更舒适。这是因为第1个版面采用了两种对齐方式，让人在阅读时需要变换阅读的视线，无形中增加了阅读负担，版面也显得不和谐。

同一版面采用不同的对齐方式会增加阅读负担

同一版面采用不同的对齐方式

1.1.2 图文对齐

前面讲的内容非常好理解，但是当将文字放入版面中与图片进行混排时，如何应用这些对齐方式来协调图文之间的关系就变得复杂了。在后面的章节中，我们会深入学习更多原理，现在只需要将重点放在对齐上即可。

观察右侧两张图，第2张是比较常见的新手"自由式"排版效果，第1张是经过对齐处理后的版面效果。可以试着思考第1张图中每个元素的对齐依据。

观察右图的对齐线会发现：对齐线①处，主标题文字组左对齐，且与图片左对齐，"即刻购买"标签与图片左对齐；对齐线②处，作为点缀的圆形与背景最左侧的竖向网格线左对齐；对齐线③处，"Sit Down."与图片右对齐；对齐线④处，手写英文与画面中的主体椅子顶对齐，底部与图片底对齐。

通过分析可以发现，元素并不是随意摆放的，都有相关的对齐依据。即使看上去很随意的画面，实际上也包含一些隐形的"规律"。

> **提示** 关于对齐的更多内容，在第 2 章和第 6 章将进行更深入的讲解，读者在阅读后面的内容时可以结合本小节的内容进行举一反三。

1.1.3 视觉对齐与软件对齐

　　一般的设计软件都有对齐功能。即使实际应用中不同文字边缘的负空间不一样，字库中的字体也会进行优化处理，使文字优先遵从视觉对齐的原则。

　　从下图的参考线对比可以看出，用软件排列文字时，字库本身会根据字形做一些轻微的调整，所以排版时只需要使用软件自带的对齐功能即可。

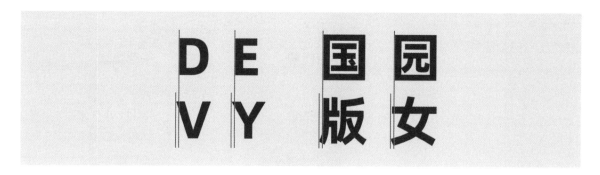

　　但当中英文混排的时候，软件是依据文字的最外边缘字框来对齐文字的，这样就会出现视觉上没有对齐的情况。例如，在下图中，由于"F"与"版"字的左侧负空间差别很大，软件对齐存在偏差，因此要将中文向右移动一点。

For Graphic Designer
版式设计基础与实战

　　在实际设计中，当使用软件自带的对齐功能没有使文字"看起来"对齐时，可以手动调整，以视觉对齐为先。

1.2 对比

　　对比也是设计中的常用手法，对比可以使想要强调的部分更加突出。本书第9章将展开讲解如何在整个版面中运用多种对比手法。为了读者可以更好地理解前面章节所讲的基础内容，这里先简单讲解对比在文本中的运用。

1.2.1 文本的对比方式

对比在文本中的主要作用是强调，常用的对比方式有以下5种。

层级对比：将标题文本单独列为一行，使其与其他文本形成层级上的对比。

字号对比：将标题或重要文字的字号放大，突出显示，以示强调。

字重对比：将标题或重要的文字加粗，以强调重要程度。

颜色对比：改变标题或重要文字的颜色。一般情况下，重要的文字采用彩色或亮色系颜色，正文部分采用灰色或暗色系颜色，使不同文本在色彩明度上产生对比。

字体对比：将标题或重要的文字用具有装饰性的字体来表现，正文用无衬线的黑体字来表现，利用字体间的对比来区分不同文本。

观察下面的对比图，可以直观感受到对比在文本中的具体应用效果。

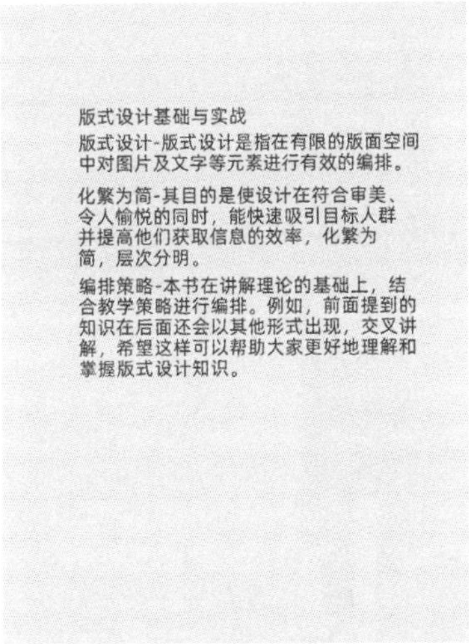

无对比

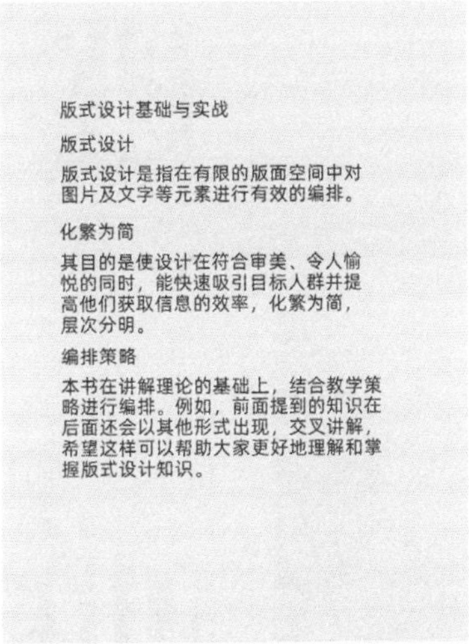

层级对比

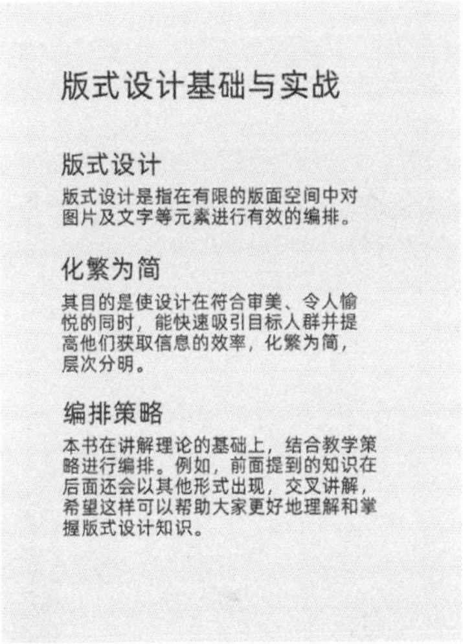

字号对比

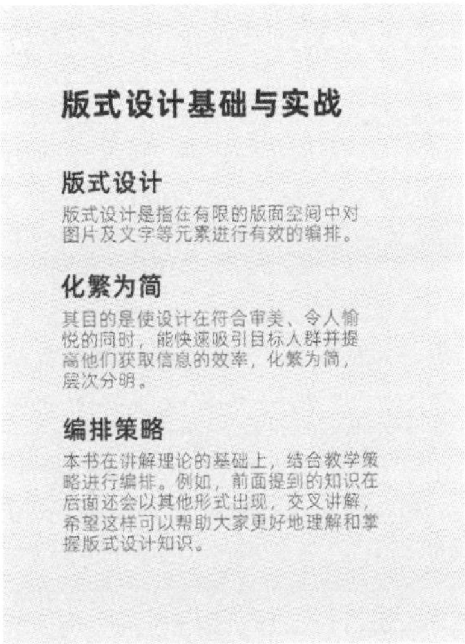

字重对比

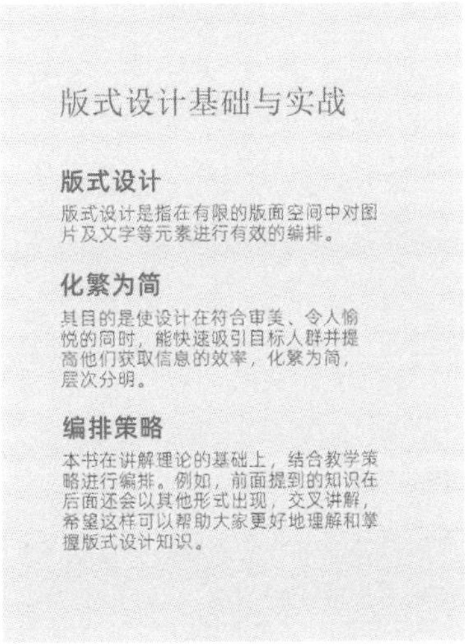

颜色对比

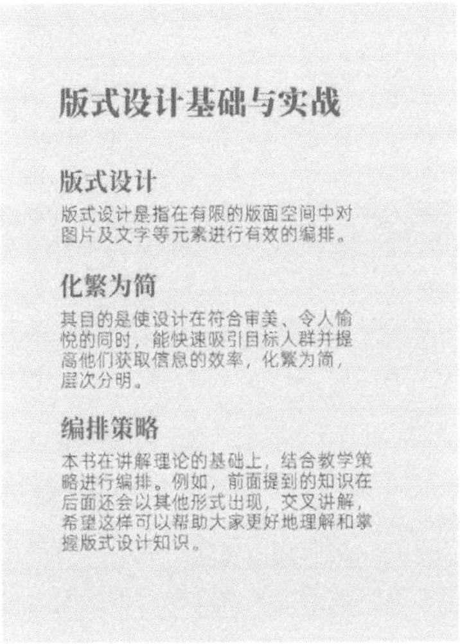

字体对比

1.2.2 文字跳跃率

这里要讲解版式设计中的一个名词——跳跃率。在版式设计中，跳跃率是一个很重要的概念，它对版面的风格影响比较大。

如何理解跳跃率呢？以文字跳跃率为例，文字跳跃率就是一个版面中字体的对比度。版面中文字间的字号对比度越大，跳跃率就越高；文字间的字号对比度越小，跳跃率就越低。为了加深理解，读者可参考右侧这个表格。

文字跳跃率低	文字跳跃率高
字号对比度小	字号对比度大
字距疏	字距密
字体细	字体粗
沉稳	强烈
安静、冷淡，有低语感	热闹、震撼，有呐喊感

再举一个例子，使用同一张图片进行版式设计，采用不同的文字跳跃率会呈现出不同的版面风格。

Q：上面哪张图的文字跳跃率更低？

A：第1张图，文字间的字号对比度小。

Q：上面哪张图给人的感觉更安静？

A：第1张图。

Q：上面哪张图让人感觉效果更强烈？

A：第2张图，字号更大，字重更大，文字跳跃率高。

了解跳跃率与版面风格的关系之后，回答下面两个问题。

Q：超市在做促销广告时应该使用文字跳跃率高的版面还是文字跳跃率低的版面？

A：使用文字跳跃率高的版面，这样可以突出热闹的氛围。

Q：珠宝店在做推广页面时应该使用文字跳跃率高的版面还是文字跳跃率低的版面？

A：使用文字跳跃率低的版面，这样可以突出高档的感觉。

1.3 "亲密"原则

排版中的"亲密"原则可以理解为使用视觉位置来对元素进行归类。设计时可以对信息进行整理，以提高阅读者获取信息的效率。本节将从两个方面介绍如何利用"亲密"原则来整理信息。

1.3.1 对相同信息归类

设计版面时要对信息进行归类，使整体更符合人们对信息的提取逻辑。

看下面的表格，如果早餐店的菜单这样写，就会让点单的人反复扫视菜单，增加点单的时间。

早餐							
包子	豆浆	榨菜	油条	花卷	牛奶	面条	酱菜

如果优化菜单，对信息进行归类，点菜的人获取信息的方式就从寻找变成了对比，从而能提高点单效率。

早餐							
主食				饮品		小菜	
包子	花卷	面条	油条	豆浆	牛奶	榨菜	酱菜

再举一个例子，注意观察右图中菜名与菜品图片之间的关系。

Q：右侧哪张图的菜名与菜品图片之间更容易对应？

A：第1张图。

可以发现，第1张图与第2张图的元素完全一致，不同的是菜名与菜品图片之间的距离。当菜名处于两张菜品图片中间时，人们很难迅速判断该菜名描述的是哪一道菜品。调整位置后，菜名与对应菜品摆放在一起，并与其他菜品相隔更远，这样对应关系就一目了然了。

综上所述，在表达"相关"这个概念的时候，在版面中需要使用更"亲密"的距离来体现。

1.3.2 对不同信息分组

前面讲解了对同类信息进行分类的方法，那么不同类别的信息又该如何分组呢？

假如现在要发布一个信息，信息主题为"周末休闲去处推荐"。右侧第1张图的信息混在一起，显得比较杂乱，因此可以先根据上一节学习的**对比**知识将标题的层级划分出来。

接下来按照"亲密"原则对相似内容的信息进行归类，并在排版距离上加以区分。可分出3种间距，用彩色标注出来。从右图可以看到各元素间排版距离的关系为"标题与正文之间的距离（红色）>分类与分类之间的距离（绿色）>各分类中小项与小项之间的距离（蓝色）"。

以上通过距离表示分类的关系想必读者能够理解，那么在正文中加入中文部分的英文翻译后，又该如何安排文字间距呢？

可以明确的是，英文在本次信息发布中的作用是辅助理解，属于标注。根据之前所学的对比原则，可以先将英文字号缩小，然后分析所有内容之间的亲密关系，再进一步调整版式，效果对比如右图所示。

按照亲密关系重新排版后，各元素间的排版距离关系为"标题与正文之间的距离（红色）＞分类与分类之间的距离（绿色）＞各分类中小项与小项之间的距离（蓝色）＞中文与英文之间的距离（黄色）"。

在理解了"亲密"原则后，平时可以多进行相关训练，对遇到的信息进行归类。掌握了这一思维方式后，设计能力和大脑处理文字信息的速度都能得到一定的提升。

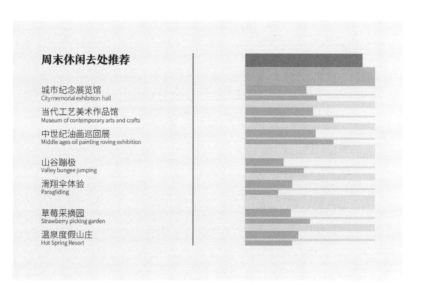

1.4 重复

在"亲密"原则的基础上对人的视觉进行**有规律的反复引导**，可以使人感受到秩序美，从而快速发现、适应规律，并自动对信息进行划分、编组，最终提高信息传播的效率。通俗来说，虽然要传达给人们的信息很多，但如果这些信息接收起来是方便且明确的，那么人们就会感到愉悦并且乐于接收。

1.4.1 样式的重复

通过前面几节内容的学习可以知道，版式设计中要运用**对齐和对比**，同类信息和不同类信息之间还要用不同的距离来表示**亲密**关系。如果能综合运用这些方法并加上一定的设计元素，就会形成一个样式，接下来对这个样式中包含的内容进行举例说明。

假如现在要对一张菜单进行排版，部分内容如右图所示，我们需要对其进行设计，让版面更美观。

经过设计后，该部分内容包含了很多设计要素，如①分割线、②间距、③类目样式、④菜品的中英文名称、⑤引导线、⑥价格、⑦菜名之间的间距、⑧热门菜品"Hot"字样、⑨新品"New"字样。

将这些设计要素组合起来，就形成了一套规范。在菜单中**重复使用**这套规范，就可以将信息非常清晰地传达出来。

1.4.2 品牌设计中的重复

品牌设计的目的之一是让人们记住品牌的形象。品牌设计包括Logo设计和相关辅助图形的设计，这些设计共同形成了品牌视觉的核心，而使人们记住品牌的较为简单且有效的方法就是不断地重复。在所有可以展示品牌形象的地方贯彻品牌视觉方案，利用重复提高品牌信息的传播效率。

例如，在右图所示的品牌延展图中，重复使用了品牌的视觉方案（包括Logo、配色和图形），使人形成记忆点。当观者再看到这样的图形与配色时，即使没有准确地看到品牌名称，也能通过联想唤起记忆。

> **提示** 这种重复使用的同一种图形和配色在 VI（Visual Identity，视觉识别）系统设计中叫作辅助图形，是进行延展设计的基本视觉单元。

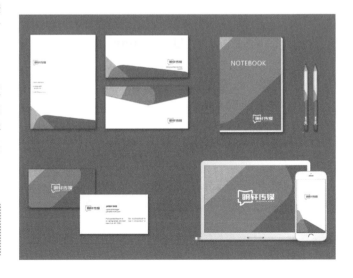

1.5 版式设计中的点、线、面

　　笔者在《平面设计基础与实战——小白的进阶学习之路》一书中讲过点、线、面的相关知识，但在本书中更换了讲解方式，以便读者能够更好地理解点、线、面的知识并将其运用在版式设计中。

　　设计时，通常是按照"面—线—点"这样的顺序来进行的。"面"在版面中常以主体的形式出现，形成版面中主要的视觉元素；"线"在版面中常起到维持秩序、引导或分割的作用，细线可以增强版面的精致感；"点"在版面中常起到点缀的作用。这三者之间可以根据大小和形态的变化互相转化，下面列举一些案例来具体说明。

1.5.1 面、线、点的形式与转化

　　以下几组图都按照"面—线—点"的设计顺序进行呈现，并以表格的方式分析这3种要素出现的形式以及它们之间存在的转化关系。

面—线—点

	面	线	点
出现形式	照片	描边英文 横线色块 正文中横向排列的中英文 右侧竖向排列的英文	圆形色块 装饰点阵 小符号
点线面转化	装饰点阵以点的形式组成线，再组成面		
线面转化	正文文字横向排列，多行文字组成了面		
面点转化	两个红色的圆形色块本是面，但面积较小，在版面中可看作点		
面线转化	左侧竖排的英文采用描边的设计形式，使面转化成了线		

面一线一点

	面	线	点
出现形式	图片和背景 文字组	左侧彩色的装饰线条 正文中横向排列的文字 底部横向排列的英文	圆形色块 底部散点状的英文字母 装饰图案 小尺寸的实物图片
点面转化	原本茶壶和茶杯是分散的点,加入绿色背景后就连接在一起组成了面		
点线转化	底部散点状横向排列的英文字母是点,排列成行就组成了线		

面—线—点

	面	线	点
出现形式	文字组	发光的线条 横向排列的文字 分割的横线	串在线上的几何图形 短文字
点线面转化	独立的点状文字排列起来就组成了线，大字号的主标题组成了面		

从上述3个例子中可以发现，一个看起来和谐、完整的版面都具备点、线、面这3种元素，并且点、线、面可以以不同的形式出现。点排列成行就变成了线，线排列成阵就变成了面，点放大就变成了面。

很多初学者知道点、线、面之间存在转化关系，但是不明白转化意味着什么。假如把第1个例子中点、线、面互相转化的部分改回去，如将左侧的字母从描边形式的线改回填色形式的面，将由点阵组成的面直接改成一个方形色块，那这两个改动相当于去掉了版面中很多的线和点，版面会因此而显得呆板和沉闷。

所以在实际排版中，合理地运用转化手段可以轻松地解决版面中点、线、面缺失的问题。

1.5.2 点、线、面缺失后的效果

前面讲解了点、线、面在画面中的作用，接下来通过案例列举版面中分别缺失点、线、面后的效果。

先来看兼具点、线、面的完整设计稿，可以看出版面富有节奏感，给人的感觉很舒适。

下图去掉了面元素，与完整设计稿对比会发现，当版面中仅有点和线元素时，版面会因失去重点而显得散乱，没有视线落点。所以**当版面缺失面元素时，版面会显得散乱**。

下图去掉了线元素，与完整设计稿对比会发现，当版面中仅有点和面元素时，版面会变得无序且缺乏精致感。面与面之间失去了线的引导，观者的视线移动就会很跳跃，且整个版面看起来都是圆圆的、钝钝的，有一些笨拙感。所以**当版面缺失线元素时，版面会显得无序**。

下图去掉了点元素，与完整设计稿对比会发现，当版面中仅有线和面元素时，版面会变得呆板、不活泼，少了一些情绪上的表达。所以**当版面缺失点元素时，版面会显得呆板**。

通过以上点、线、面知识的讲解可以发现，这不仅是一个非常基础的设计理论，也是使设计版面成立的基石。尤其是对非科班出身的设计师而言，掌握好点、线、面的知识是非常必要的。

观察作业　平时看到好的作品时注意观察版面中的点、线、面元素是如何安排和互相转化的，以便将它们灵活运用到自己的设计中。

第**2**章

第 章

好用的辅助线：
版心与栅格系统

当栅格系统（网格系统）逐渐流行起来，设计师们似乎都知道
排版时可以使用栅格系统作为辅助，但是很多人对其中一些具体的
概念还不太清楚。本章将用通俗的语言来讲解版心和栅格系统。

2.1 版心

在介绍栅格系统之前先介绍版面的相关知识。不同的版面设置呈现出的风格是不同的，或宽松，或紧凑。设置版面之前需要先了解**版心**，本节将介绍版心的概念和作用，以及如何根据不同的情况设置不同的版心。

2.1.1 版心及其设置方法

设计项目不同，版心设置也不同，版心的范围在很大程度上影响着版面的风格。在日常工作中，可以根据风格和项目需求灵活设置版心，也可以尝试为同样的版面设置不同的版心，在对比中感受不同版心的视觉效果。

◎ 什么是版心

版心是指版面中主要内容所在的区域，是在设计之前就设定好的一个隐形的框。对于已经设计好的作品，可以通过图文在画面中"隐形"的被约束情况来判断版心的范围。

例如，在下图中，可以根据左图的图文排布情况来判断最初设定的版心。

◎ 单页版心设置

单页是指海报、宣传单和Banner这类以一个页面作为一个阅读单元的版面。在这种情况下，较为简单的版心设置方式就是将四周边线向内缩进一定的距离，即版心一定在出血线范围内。至于缩进多少距离，并没有刻板的规定，依据版面风格设置版心的范围即可。

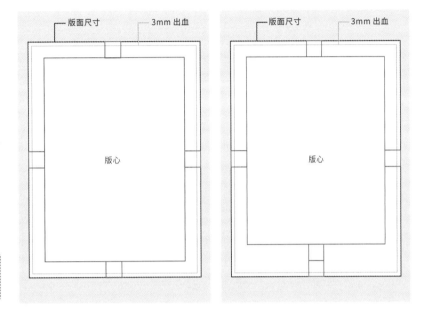

提示 版心的上边距一般不能大于下边距，否则会有"头重脚轻"的感觉。

◎ 跨页版心设置

跨页是指以两个页面作为一个阅读单元的版面，如画册和图书等。在进行跨页版心设置时，需要注意订口的位置。

在右图中，靠近图书装订处的空白叫订口，订口的宽度等于两侧版心到装订线的侧边距相加。如果将两个页面视为整体，订口宽度就需要根据整体版面进行设置，如果左右页面各自设置各自的订口，加起来就会非常宽。

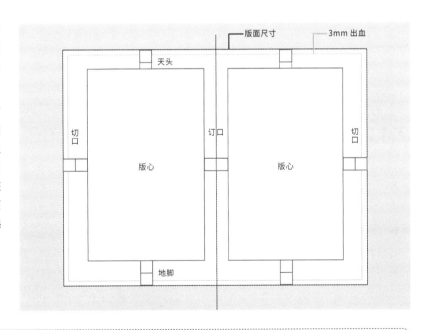

提示 订口的宽度取决于装订方式。如果是采用骑马钉装订的画册或采用裸脊锁线装订的书（如《平面设计基础与实战——小白的进阶学习之路》），可以180°平摊阅读，这样的订口就可以正常设计；如果是胶装书，其书脊处有一部分被粘起来了，导致书无法180°平摊阅读，在设计时就可以适当增大订口的宽度，防止装订时中间的文字被粘住而影响阅读。

在进行跨页版心设置时，由于左右切口和地脚的位置还会放置图书的其他信息（如章节名称和页码等），因此切口与地脚的宽度会略大一些。**它们之间的大小关系为：1/2订口＜天头＜切口≤地脚。**

◎ 出血线设置注意事项

在排版时，出血线外不能有任何非装饰性的文字信息，但是作为背景底纹的图片或满版的图片可以超过出血线延续到版面边缘。

在下面第1张图中，图片和文字在版心内，背景延伸到了版面边缘。在第2张图中，文字在版心内，图片和背景延伸到了版面边缘，这两种排版方式是可以的。在第3张图中，背景、图片和文字在出血线以内、版心以外，在这种情况下，印刷后按照出血线裁切时，背景的边缘不会被裁切，会有空白，看起来很别扭，所以这种排版方式是错误的。

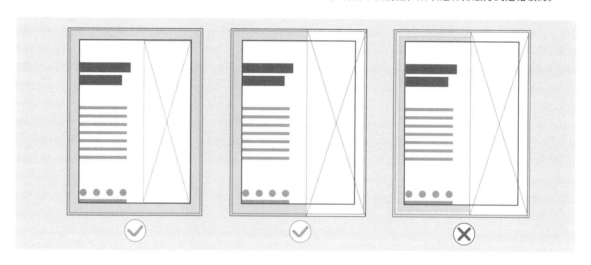

提示 有的读者可能就要问了，如果文字等内容都要放在版心内，版心又位于出血线内，那设置出血线有什么意义？其实出血线就是切割线，是为了方便印刷后进行裁切而提前预留的，这条线可以帮助设计师估算当前页面与版面边缘的距离。出血线不一定都是3mm，有的也可能是 2mm，所以切记背景底纹或满版图片**一定要贴到版面边缘的位置，不要只是超出出血线**。

2.1.2 版心的选择依据

由于版心会影响版面的风格，在设置版心时需要考虑整个版面的风格和图文的具体内容，因此版心的选择是有依据的。

为了便于读者理解，在具体讲解版心的选择依据之前先来看右侧两张图。

Q：上页底部哪张图的版心更小、留白更多？

A：第1张图。

Q：上页底部哪张图更具有清凉的氛围感？

A：第1张图。

Q：根据画面风格，上页底部哪张图的版心设置更合适？

A：第1张图。

观察右侧这两张图，对比两张图的差异。

Q：右侧哪张图的版心更小、留白更多？

A：第2张图。

Q：右侧哪张图的画面风格更有张力？

A：第1张图。

Q：根据画面风格，右侧哪张图的版心设置更合适？

A：第1张图。

到这里想必读者已经明白了，与第1章讲过的跳跃率类似，版心中有一个概念叫**版面利用率，即版心占版面的面积比例。**版心越大，版面利用率越高，画面就越满。

版心小	版心大
版面利用率低	版面利用率高
适合图文少的内容	适合图文多的内容
留白多	留白少
高级感强	亲切感强
安静、冷淡、有低语感	热闹、震撼、有呐喊感

综合来看，在选择版心时需要考虑**宣传目的、文案内容和设计风格**，然后根据目的、风格灵活设置版心就可以了。

Q：设计湖边民宿的宣传画册时应该使用哪种版心呢？

A：小版心，留白更多，突显静谧的感觉。

Q：设计化妆品的品牌海报时应该使用哪种版心呢？

A：视情况而定。如果是较为高端的品牌，可以设计小版心的海报来突出高档的感觉；如果是中低端的品牌，可以设计大版心的海报来营造热闹的氛围。

2.2 栅格系统及其设置方法

介绍了版心的知识后，本节将讲解栅格系统的概念及其设置方法。栅格系统是将图片和文本以分栏或网格的形式进行约束的一种排版方式，用这种方式做出的版面稳重且整齐，给人条理清晰的感觉。虽然使用栅格系统会使版面更规范，但并不是所有的设计都必须使用栅格系统。希望本节内容可以让读者对栅格系统有进一步的了解。

2.2.1 栅格系统的适用场景

由纵向分栏或横纵网格加上不同的间距组成的辅助线系统被称为**栅格系统**，设计中使用网格线作为依据的比例被称为**网格拘束率**。网格拘束率越高，版面越整齐、规范；反之，越自由、随意。

观察右侧的两个例子，思考两个版面分别带给人什么样的感受。

Q：右侧哪张图给人的感觉更整齐和理性？

A：第2张图。

Q：右侧哪张图更有规律感？

A：第2张图。

Q：右侧哪张图给人的感觉更随意和活泼？

A：第1张图。

以直观感受来看，第2张图给人的感觉更"整齐"。在软件中打开辅助线后，就会发现其实这张图是在非常规整的辅助线约束下完成的。所以以网格线为依据设计出的版面（如香氛沐浴产品海报）具有更高的网格拘束率。而不以网格线为依据设计出的版面（如炸鸡海报）看起来更加自由活泼，这种方式称为自由排版，网格拘束率较低。

从这个例子可以看出，并不是所有的设计都要使用栅格系统，也不是只有使用了栅格系统的设计才是好的设计。下表总结了应用不同的网格拘束率呈现出的画面效果差异。在了解了两种排版方式的特点后，想必读者能够分析出该在什么版面中使用栅格系统了。

栅格系统排版	自由排版
网格拘束率高	网格拘束率低
画面沉稳、整齐、规范、有条理	画面活泼、随意、对比强烈、亲切感强
感觉舒适、有秩序	感觉热闹、氛围感强
适合的版面 （有限举例，根据实际情况灵活判断）	
栅格系统排版	自由排版
公司画册	可爱、卡通风格的版面
图书封面	活动促销版面
高档消费品宣传册	潮流活动宣传册
展览海报	运动风格的版面
艺术活动海报	喜庆节日的相关设计
高档物品的包装	快速消费品的包装

提示 很多甲方的需求中经常会提到"高大上"这个词，指的就是高网格拘束率和留白较多的版面。掌握了设计原理之后，应对这样的要求时设计思路会更清晰。

2.2.2 栅格系统的设置方法

栅格系统的辅助线有两种形式：一种是分栏，另一种是网格。在设计栅格系统时，都是先设定版心，再在版心内进行分栏或设置网格。分栏与网格的区别是分栏中仅有竖线，而网格中有竖线也有横线，因此可以将网格理解为**带横线的分栏**。

在其他资料中，栅格系统又被叫作网格系统，本书为了区分网格，故使用栅格系统这一叫法。本书使用的名词及关系如下图所示。

分栏是由栏宽和栏间距组成的，如下图所示。

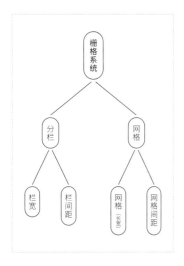

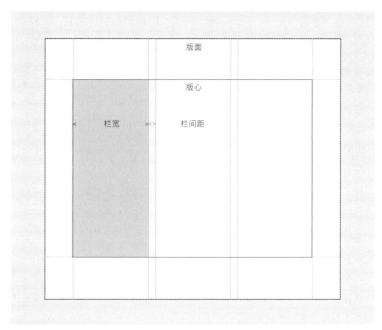

分栏

与分栏相比，网格增加了横向的辅助线，也就是将竖向的"栏"变成了"网格"。网格由辅助线交叉出的小网格和网格间距组成。

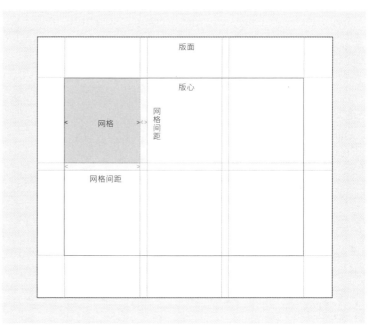

网格

下面是一些常用的划分了不同数量的分栏与网格的版面设置效果。

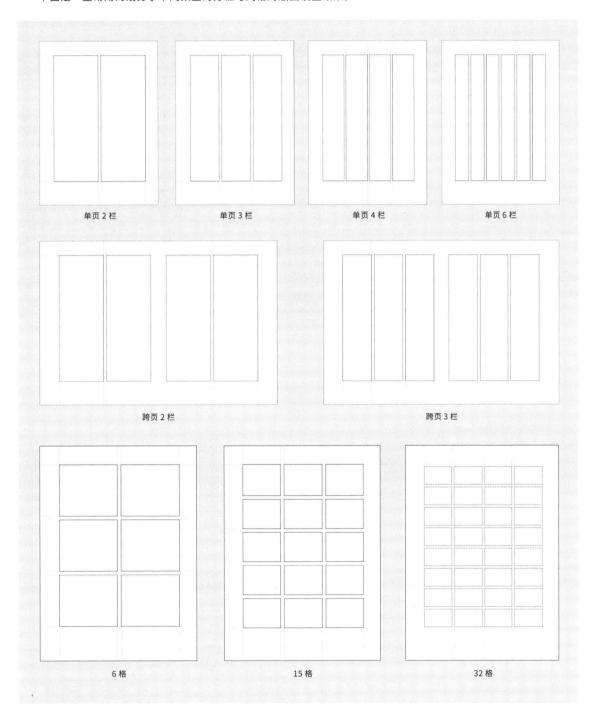

提示 栏间距应明显大于字距，并小于页边距。在一般情况下，横向和纵向的栏间距可以相同，也可以不同。若不同，应注意差距不要过大。

· 在 Photoshop 中设置栅格系统的方法

打开Photoshop，执行"视图>新建参考线版面"菜单命令，在弹出的"新建参考线版面"对话框中，勾选"预览"复选框，然后根据需求设置参数即可。

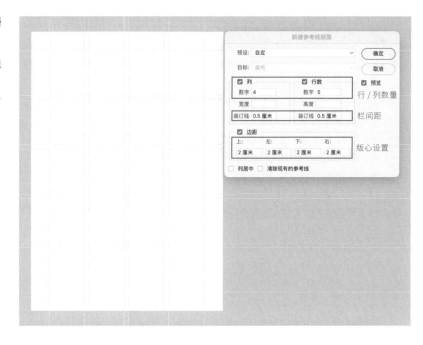

· 在 Illustrator 中设置栅格系统的方法

Illustrator里栅格系统的设置方法与Photoshop不同。需要先在版面内绘制一个矩形作为版心，然后选中该矩形，执行"对象>路径>分割为网格"菜单命令，最后根据需求在"分割为网格"对话框中设置参数。

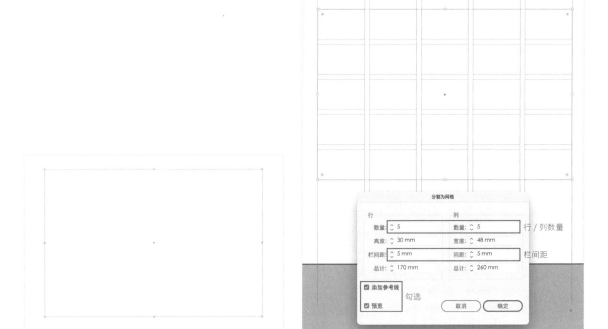

提示 在 Illustrator 里设置完成后，画布中除了有辅助线，还有被分割出来的矩形（如果不需要，可以将其删掉）。如果网格里需要放置图片，可以顺便使用这些矩形来制作剪切蒙版。

2.3 栅格系统的具体应用

前面讲解了栅格系统的设置方法，本节介绍如何在实际的版面中具体应用栅格系统。前面讲了栅格系统的辅助线有分栏和网格这两种形式，下面具体介绍分栏与网格的具体应用。

2.3.1 分栏的具体应用

为了让读者有更直观的感受，下面先采用正确运用分栏和错误运用分栏的例子来说明分栏的应用，之后再用具体的示例进一步讲解。

◎ 正确运用分栏

分栏中的辅助线很多，还有栏宽、栏间距，这些都可以作为对齐的依据，具体怎样使用这些辅助线可以参考以下情况。

在下图中，①图片可以一端贴齐辅助线，另一端跨栏间距对齐，或两端都跨栏间距对齐；②单组文字一端贴齐辅助线，另一端超出辅助线；③单行文字贴齐辅助线。

在下图中，①图片不占用栏间距，只在栏内对齐；②文字组不占用栏间距，只在栏内对齐，且采用统一的对齐方式。

在下图中，①图片占满版心；②单组竖排文字一端贴齐辅助线，另一端超出辅助线；③两组文字中其中一组在栏内对齐，另一组自然超出辅助线（文字超过两组时不建议使用这种方法）。

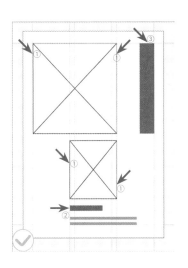 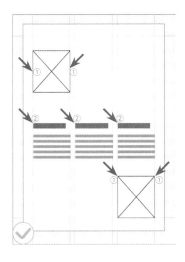 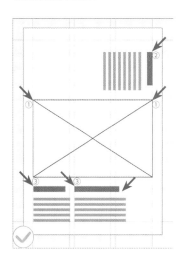

◎ 错误运用分栏

下面示范错误运用分栏的情况，结合上面的正确示范，可以更明确分栏的使用方法。简而言之就是遵循"参考统一性"的原则，不要出现同一层级的对象有的占用栏间距，而有的不占用栏间距的情况。

在下图中，①图片没有与辅助线对齐；②多组文字有的跨栏间距对齐，有的在栏内对齐。

在下图中，当图片与文字进行混排时，均没有按照辅助线对齐。

在下图中，①图片跨越了两个栏间距，两端都没有对齐辅助线；②多组文字中大多数文字使用相同的排列方式，但有个别组使用不同的对齐方式。

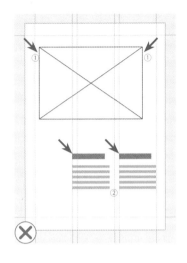

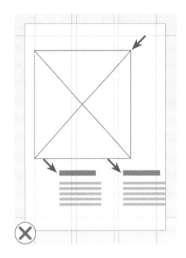

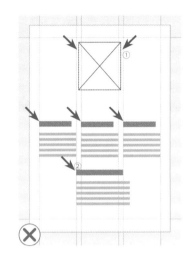

◎ 分栏的应用示例

在了解了分栏的基础知识后，下面用实例展示灵活运用分栏的具体方法。

拿到一张经过对齐和初步排版的设计稿时，可以先根据前面所学的分栏相关的知识为这张图绘制辅助线，然后进一步观察。可以发现这张图有很多问题：没有设置版心，图文摆放随意，没有体现出应有的秩序，文字的层级对比不够明显。

所以可以对该版面进行如下修改：根据版面风格为其设置合适的版心，按照分栏重新调整图文位置，调整文字组的对比与亲密关系，让画面更有层次感。

将图文放入分栏中进行约束，信息变得更易获取，版面也变得更加规整、更有气质了。但是小字部分的正文太长，不方便阅读，所以可以进一步进行约束。

最后对比一下调整前后的效果，可以发现应用了分栏之后，阅读时会感觉版面更加清晰、更有条理。

在应用分栏时，不一定非要严格按照辅助线进行设计，还是要保持灵活，因为刻板地套用格式不一定能呈现出好的效果。

以下图为例，可以看出版面中的内容是严格按照分栏来排布的：大标题严格收入栏内；小标题不够长，靠放大和增大字距的方法贴紧辅助线；图片严格放在栏内。

上图严格地应用了辅助线，可以看到结果并不是十分理想。如果细看还会发现大标题与文字组存在没对齐的情况，而且文字组的标题也大小不一，所以整体版面看起来有点琐碎，整体效果较弱。

结合具体情况灵活地做出一些修改：对大标题使用视觉对齐的方式，笔画细的地方略超出辅助线；放大主图，使之跨越栏间距对齐；正文对齐栏间距，将小标题的字间距缩小，保持自然宽度。经过这样的微调后，版面的整体感更强了，标题的字号大小也合适，视觉上该对齐的地方也都是对齐的。

通过以上示例可以看出，在使用分栏时，一定要根据实际情况灵活调整。

2.3.2 网格的具体应用

因为网格只是在分栏的基础上加入了横向约束，所以它的具体使用方法与分栏类似。下面通过几个示例让读者更清晰和具体地了解网格是如何应用的。

观察下面不同网格间距下的两组图，思考不同的版面给人的感觉有何不同。

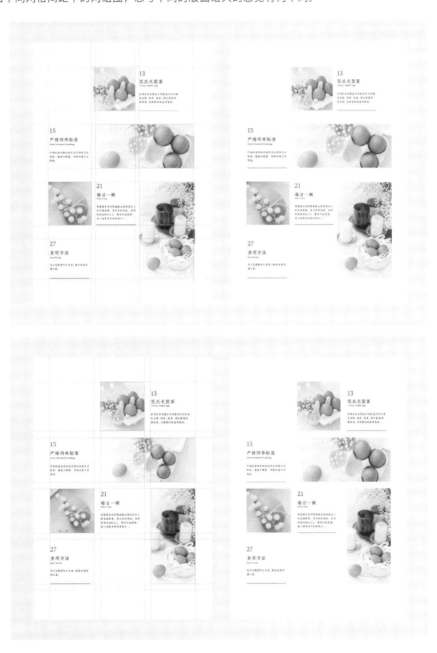

Q：上面哪组图看起来更规整？

A：第2组图。

Q：第1组图也使用了网格，不够规整的原因是什么？

A：因为每个元素都差不多占一格，但是横纵间距相差过大，所以每个板块看起来都是割裂开的，影响了版面的美感。

假如需要对一些文案和图片进行排版，不看具体的内容，先大致看一下有多少文字和图片要排进这个版面。

大致梳理后，结合脑海中的构图，可以将标题与配图的比例设置为1：2，因此选用三分栏比较合适。至于纵向需要多少格，可以在设置时先勾选预览，边看边确定。这里设置的是3×6的网格。大致对图文按照网格分布进行排列，效果如下图所示。

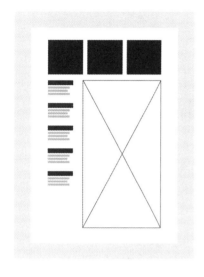
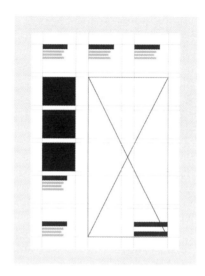

提示 思考版面布局时，可以参照相关的参考图，也可以在脑海中进行大致构思，还可以直接在草稿纸上手绘草图，这样操作起来比较快，并且可以保持思路畅通。

接下来将图文正式排列进去，先放置配图和标题等主要的元素，然后放置文字组和装饰文字等小元素，再依据网格线结合视觉效果做一些细微的调整，这样就使用网格排出了一张海报。

逆向思考，当我们看到优秀的作品时，可以在脑海中提取出该作品的结构原型图，这样在进行设计时直接参考优秀作品的版面结构就可以了，不至于因为受太多信息干扰而无从下手。

观察作业 平时可以注意观察网络上优秀作品的排版方式，如果该作品使用了分栏或网格进行设计，可以自己试着去还原一下，进一步理解这些辅助线是如何应用在作品中的。

第 **3** 章

事半功倍：
设计师也需要懂文案

在设计作品中，文案与作品质量息息相关。如果设计师本身了解文案知识，就能更加精准地把握设计重点。此外，如果设计师想有更好的发展，掌握一定的文案知识是必不可少的加分项。本章将介绍一些撰写文案的技巧。

3.1 标题和广告语的"十要四不要"

由于文案包含许多非常专业且复杂的知识，因此设计师只需简单掌握即可，本节将标题和广告语的撰写方法总结成了"十要四不要"，以帮助读者理解和快速完成构思。

3.1.1 记住这"十要"，灵感早来到

"十要"是指设计文案时可以参考的方法，对于下面的例子，读者可以忽略未交代的具体背景，只关注文案。

◎ 要精练

相比短句子，阅读和理解长句子需要花更多的时间，所以要尽量使用精练的语句来作为广告语。

- **某书店广告语**

  设计目的：想要体现书店大和图书多，可以供人们尽情选购。

  a.我们的书店占地2000平方米，我们拥有海量图书，可以供您尽情选购。

  b.这个书店，够您逛一天。

  c.8万本读不完的乐趣。

  Q：上面哪条广告语更精练？

  A：b和c。

  上面的3条广告语表达的意思是一样的，但相对来讲，b和c更精练。广告语应该是标语化的语句，而非叙述型的语句。叙述型的语句可以放在副标题或者正文中，标题应该简洁有力。甚至可以将其进一步精减为"大书店，逛一天"，这样也方便在更短的时间内吸引顾客的注意，使其不用花很多时间就能理解广告语的中心思想。

- **某餐厅活动标题**

  设计目的：想要宣传一个午餐活动。

  a.不知道中午吃什么？我们来帮您安排！

  b.拯救午餐计划。

  c.纠结午餐？这有个菜单！

  Q：上面哪个标题更适合用在活动宣传页面中？

  A：b，其次是c。

  在上面的3条活动标题中，a已经做到了标语化。不过在版面中，广告语和标题的空间是有限的，越长的标题，其字号就得越小。所以可以对其进行进一步提炼，详细内容可以展示在副标题中。由此可以得出结论：**"要精练"的意思是标题和广告语要标语化、字数少。**

◎ 要容易理解

有时如果将产品的特点直接叙述出来，很难让人一下子就明白，所以可以换一种叙述方式，让人更容易理解。

- **某雨伞广告语**

  设计目的：雨伞重量大约为160g，突出雨伞轻便的特点。

  a.仅重160g，轻便易携带。

  b.仅为一个苹果的重量。

  c.还没有你的手机沉。

  Q：上面哪条广告语描述的产品给人的感觉更轻？

  A：c，其次是b。

  在上面的3条广告语中，a如实叙述了雨伞的重量，但是大部分人对160g拿在手里到底有多重并不是非常清楚；b使用了**类比**的手法，将雨伞的重量与生活中常见的物品进行了类比，使人们对雨伞重量有了具象的认识；c使用了**对比**的手法，将雨伞与生活中更常见并且很轻的物品进行了对比，所以c描述出来的产品给人的感觉最轻。

- **某书写笔广告语**

  设计目的：想突出笔的硅胶柔软、写起来不累的特点。

  a.像握住一朵云。

  b."QQ弹弹"，握笔像捏脸。

  c.笔杆比手指还柔软。

  Q：上面哪条广告语在表述上更夸张？

  A：a。

  在上面的3条广告语中，a和b都采用了类比的方法，c采用了对比的方法。但在表述上a更夸张，更容易让人理解产品的特点。由此可以得出结论：**使用类比和对比的方式来描述事物会使想要表达的意思更容易被理解。**

◎ 要直接发出指令

直接发出指令是指将广告语写成"命令"的口吻，有时会达到很好的效果。

- **某火锅店广告语**

  设计目的：突出本店的毛肚脆爽好吃。

  a.毛肚新鲜脆爽，欢迎到某火锅店品尝。

  b.吃鲜脆毛肚，到某火锅店。

  c.来某火锅店，吃鲜脆毛肚。

  Q：上面哪条广告语听起来更直接？

  A：b。

  在上面的3条广告语中，b更为直接。吃饭有时候是让人纠结的事，用直接的指令代替宣传语，既帮顾客做了决定，又在顾客心里留下了吃鲜脆毛肚就该到某火锅店的印象。

- **某绘画培训机构广告语**

  设计目的：宣传本机构教授儿童绘画。

  a.开设儿童绘画班，欢迎到某某绘咨询。

  b.学儿童绘画，就来某某绘。

  c.3~6岁孩子，学绘画就来某某绘。

  Q：上面哪条广告语听起来更直接？

  A：c。

  在上面的3条广告语中，a比较平淡，是常见的广告语，很难引起人们的注意；b是指令式广告语；c的指令性更强，因为它指出了一个明确的目标群体，更有针对性，能达到更好的宣传效果。由此可以得出结论：**指令式广告语可以帮助顾客更快地做决定，更快地将行动与事物联系起来。**

◎ 要朗朗上口

汉字词语的结构让由3~5个字组成的短语更容易被读出节奏感。例如，"人之初，性本善""关关雎鸠，在河之洲""床前明月光，疑似地上霜"等。

- **某造纸厂广告语**

  设计目的：宣传本厂制造的环保纸。

  a.环保纸，某某造。

  b.好纸环保，某某制造。

  c.专业环保纸，还是某某造。

  Q：上面哪条广告语读起来更朗朗上口？

  A：都很朗朗上口。

  上面的3条广告语都运用了富有节奏感的语句，每一句都很好读，所以都可以作为广告语来使用。其中更好的是b，因为b押韵，更容易被记住。由此可以得出结论：**由3~5个字组成的短语更符合人们的阅读习惯，可以在广告语中经常使用。**

◎ 要善于运用数字

通常情况下，数字比文字更好理解，也更容易被先注意到。

- **某自热米饭广告语**

  设计目的：宣传新出的自热番茄牛腩饭。

  a.番茄牛腩饭，自热更方便。

  b.自热4分钟，美味何须久等。

  c.1杯水,1首歌，番茄牛腩端上桌。

  Q：上面哪条广告语给人感觉自热米饭的时间更短？

  A：c。

  在上面的3条广告语中，a只叙述了自热米饭很方便，具体如何方便没有说；b使用了数字来描述，表明只需要4分钟的时间，一目了然；c在b的基础上将4分钟的时间改成1首歌的时间，让人感觉等待的时间充满了乐趣，就会觉得时间更短了。但是从直观的角度来说，b更直观。

- **某果汁饮料广告语**

  设计目的：宣传桃汁是用新鲜桃子榨的。
  a.新鲜蜜桃，鲜榨果汁。
  b.10个蜜桃1瓶汁。
  c.1瓶喝掉10个蜜桃。

  Q：上面哪条广告语听起来更有吸引力？
  A：c。

  在上面的3条广告语中，a很吸引人，听起来就很新鲜；但b运用了数字，突出要用10个蜜桃才能榨出一瓶桃汁，令人感觉既新鲜又珍贵；c在b的基础上，利用人们的"获得"心理，让人不仅能直观感受到果汁的新鲜，也能感觉从中获得了更多的东西。由此可以得出结论：**在广告语或标题中运用数字，不仅可以使人快速理解语句，也能在众多文字中优先吸引人们的注意力。**

◎ 要制造优越感

很多东西并不是因为本身价值高而变得昂贵，而是因为稀缺才变得昂贵，所以可以利用这一点来撰写广告语，突出产品的珍贵性。

- **某大米广告**

  设计目的：宣传某某大米产量少且珍贵。
  a.珍贵的米送给珍贵的你。
  b.限量发售，贵如珠玉。
  c.今年只有1000人能吃到的某某米。

  Q：上面3条广告语侧重的角度有什么不同？
  A：a强调的是收到这份礼物的人对送礼人而言很重要；b强调的是米本身非常珍贵；c用数字强调米的产量少，且抬高了这1000位购买者的身份。

  在上面的3条广告语中，a只针对了送礼和收礼的人群，b和c既可以吸引自己想买米来吃的人群，又可以吸引收礼和送礼的人群，而c既表达出了限量感又显示出了这1000人身份的特殊，还在广告语中加入了品牌名。所以在实际应用时，可以根据营销策略来进行选择。

- **某刺绣服装广告**

  设计目的：宣传本店的服装是私人定制的。
  a.重工刺绣，私人定制。
  b.千丝万缕只为配你。
  c.10位匠人,30天，只绣这1件。

  Q：上面3条广告语各有什么特点？
  A：a让人感觉服装是非常有品质的，且表述直白清晰；b简洁明了，且凸显了定制者身份的尊贵；c用数字使人更直观地感受到服装的珍贵品质，且传达出一种限量的感觉。

  由此可以得出结论：**在广告语或标题中以产品珍贵的属性为切入点，可以为目标人群制造优越感。**

◎ 要解决行业痛点

某些行业存在一些需求痛点，如果能抓住这个痛点去写广告语，就会很快吸引到消费者。

a.某中医院：一人一方，按克抓药。

b.某肿瘤医院：查清楚讲明白，不着急开刀。

c.某酒店：消毒布草，当面拆封。

Q：上面3条广告语各解决了什么问题？

A：a解决了人们对中药药方没有针对性、剂量不准的担心，b解决了人们对看病时医生对病情告知得过少、导致盲目治疗的担心，c解决了人们对酒店卫生清洁不彻底的担心。

由此可以得出结论：**如果行业或产品存在某个需求痛点，则直接在广告语中解决痛点会大大缩短消费者的决策时间。**

◎ 要使人产生想象

通过描述某种感觉使人们展开想象，进一步产生味觉、嗅觉、触觉、听觉或视觉上的感受。

a.某羽绒被：睡在云朵上。

b.某果汁：一口葡萄一口梨。

c.某传统酥皮糕点：一口咬下66层。

d.某空气净化器：阳光下森林里的味道。

Q：上面4条广告语在描述感觉时的切入点是什么？

A：a、b、c、d都通过类比或比喻等手法对不同产品的属性进行描述，让人产生联想，它们的切入点都是描述人们使用产品时的幸福感受。

由此可以得出结论：**通过对产品中能打动人心的特点进行描述能营造出一种氛围感，使人们自发产生想象，从而对产品产生兴趣。**

◎ 要利用危机意识

根据人们的危机意识可以写出规避危机的广告语，也可直观地描述危机产生的影响，引起人们的重视。

a.某钙片：补钙补得早，老了到处跑。

b.某理财活动：月光光，心慌慌。

c.某房产公司：早治一顿饭，晚治一套房。

Q：上面3条广告语有什么特点？

A：特点是通过对现状或危机的描述推断出了一个吓人的结论或者规避危机的好处，使人产生危机意识，从而购买产品。

如果在上述情况的基础上叠加人们对亲友的关爱心理，广告效果就会被成倍放大。例如，某保险广告想要让父母为子女买保险，可以这样写：虽然看不到孩子老，但是可以保障他过得好。由此可以得出结论：**在某些特定的行业中，利用人们的危机意识和关爱亲友的心理撰写广告语，有时会达到良好的效果。**

◎ 要结合俗语、成语与古诗等

在广告语中加入俗语、成语、古诗或流行歌曲的歌词，既可以烘托现有的语境，又可以加深人们的印象。

a.某相亲活动：两个黄鹂鸣翠柳，还不找个女朋友。

b.某重工企业：精诚所至，某某重工。

c.某酸糖：就这个酸倍儿爽。

Q：上面3条广告语借用的词句为什么能使人快速联想到原文？

A：对人们耳熟能详的词句进行修改，可以快速让人联想到原文的意思，并加深记忆点。

由此可以得出结论：**写广告语时，对现成的俗语、成语、古诗等稍作修改，有时能达到事半功倍的效果。**

3.1.2 注意这"四不要"，文案更地道

上一小节介绍了写标题和广告语的一些方法，下面举一些反例，让读者进一步了解需要注意的问题，避免写了文案但是没有起到相应的作用的情况发生。

◎ 不要写华丽的废话

以前的文案崇尚华丽的词句，现在有的文案还是难免不接地气，很难抓住观者的眼球。

- **某学校歌唱比赛活动宣传语**

  设计目的：宣传大学生歌唱比赛。
  a.让青春激昂，让梦想回荡，青春的舞台只等你来。
  b.歌声装上梦想的翅膀，跳动音符带你我飞翔。
  c.趁年轻，大声唱。

  Q：上面哪条宣传语比较接地气、好推广？
  A：c。

  在上面的3条宣传语中，a和b都押韵了，并运用了排比等方式使句子变得华丽且有气势。但因为用词太过空泛，这样的话较难触动人心。由此可以得出结论：**宣传语不在于辞藻有多华丽，内容要接地气才更能使人产生共鸣。**

- **某洗车店广告语**

  设计目的：宣传洗车。
  a.您给我一份信任，我还您一份清洁。
  b.爱车清爽香气缭绕，成功路上星光闪耀。
  c.车干净，人舒爽。

  Q：上面哪条广告语比较接地气、好推广？
  A：c。

  有时用太过华丽的辞藻写宣传语很容易忘了初衷，光顾着对仗和押韵，写出来的话虽然看着很好，但是对推广和传播本身的作用并不大。由此可以得出结论：**打动人心的文案不一定要辞藻华丽，但一定要让人产生共鸣。**

◎ 不要使用负面词语

不脏和干净是一组同义词，那在写广告语时，这两者是否可以互换呢？来看下面的例子。

- **某罐头广告语**

    设计目的：宣传罐头新鲜的特点。

    a.绝不使用腐烂黄桃。

    b.只用新鲜甜桃。

    Q：上面哪条广告语更适合印在罐头上？

    A：b。

    人们的阅读语序不一定是从第一个字开始的，有可能只抓取关键词。如果广告语中带有负面词语，尽管前面加了"不"字，消费者看到的也有可能只是"腐烂黄桃"这几个字，从而对产品留下不好的印象。

- **某饺子店广告语**

    设计目的：宣传饺子新鲜。

    a.不用隔夜馅。

    b.新鲜馅，现包现煮。

    Q：上面哪条广告语更适合出现在店铺招牌上？

    A：b。

    和上面罐头的例子一样，"隔夜馅"听起来就很影响食欲，不如b中的"新鲜馅"诱人。所以在表达相同的意思时，要从正面的角度来描述。但也有例外，当某些行业中普遍存在的痛点被提出来时，在前面加上否定词也能产生很好的效果，如"不伤手""不上火""非油炸"等。由此可以得出结论：**写广告语时，应避免使用负面词语。**

◎ 不要成为"标题党"

    用博人眼球的话语写出来的广告语获得的流量只是一时的，长久来看会影响品牌形象。

    a.紧急通知！出大事了！某产品今天大促销！

    b.某机器：操作简单，连女生也能学会。

    Q：上面哪条广告语会让人感到不适？

    A：a和b。以骇人听闻、引起恐慌的句式来引起注意会令人反感，更有甚者使用伤害民族感情和群体感情的广告语，不仅消费者会讨厌，广告法也禁止其出现。

    用博人眼球的话语写出来的广告语或许能为商家带来一些流量，但一定要明白有流量不一定有销量，看热闹的人多但未必都会购买产品。由此可以得出结论：**不要投机取巧、博人眼球，不仅会被处罚，也有损品牌形象。**

◎ 不要写与消费者无关的话

    在做品牌策划时，既要了解客户又不能非常了解。如果对客户非常了解，就无法站在消费者的角度去看待产品，而更容易站在如何才能让产品更领先于同行的角度来写广告语。

- **某汤粉店广告语**

    设计目的：宣传汤粉好吃。

    a.大骨凉水下锅，汤粉精准控制煮制时间。

    b.大骨慢熬，汤粉"Q弹"。

c.大骨熬24小时，汤粉煮45秒。

Q：上面哪条广告语感觉与消费者无关？

A：a。

以上3条广告语都在强调一件事，就是这家店的骨汤浓，汤粉"Q弹"。按照a的说法，骨汤浓是由于大骨用凉水下锅，汤粉"Q弹"是由于时间把控精准。这些也许是领先于同行的优越之处，但是这和消费者有什么关系呢？而b和c使用大众听得懂的词汇直观展示了产品的特点，更容易得到关注。

· **某窗户贴膜公司广告语**

设计目的：宣传贴膜隔热效果好。

a.纳米感温，耐辐照。

b.智能遮阳，防止炫光。

c.冬暖夏凉，阳光不刺眼。

Q：上面哪条广告语与消费者无关？

A：a。

a与b、c之间其实是因果关系，但非专业人士只会觉得a听起来很专业，但是不知道有什么用；b虽使用了专业术语，但是消费者能看懂；而c用非常直接的语言描述了贴膜的结果，能达到更好的宣传效果。由此可以得出结论：**写广告语时需站在消费者的角度，消费者关心并且能看懂才是最重要的。**

观察作业 平时可以在手机里记录一些自己觉得好的标题或广告语，并分析每条广告语好在哪儿，仿写几条作为练习。

3.2 提炼宣传点

甲方给的文案往往是一整段文字，设计时如果能从中提炼出几个"点"，会比使用大段正文的效果更好。本节讲解如何从大段文案中提炼出可以宣传的点。

3.2.1 提炼数字

下面这段文字介绍了某企业所取得的成绩。如果进一步观察，会发现有一些数据可以被提炼出来，如"19个备件库""13个海运港口""88%的经销商""91%的销售额"。如果把这些数字单独提炼到版面中设计出来，就会让人第一眼注意到这些数字，直观地了解该企业所取得的成绩。

2046年4月，A地与B地仓库作为最后一批仓库上线。如今THE-CAR在全国已拥有A地、B地、C地、D地、E地、F地、G地、H地和L地等19个备件库，以及M地、N地和O地等13个海运港口，日配送项目也已覆盖全国88%的经销商，占有91%的销售额。

3.2.2 提炼标题

以下4段文字是甲方提供的用于画册排版的文案。人们在阅读画册正文时获取信息的速度是较慢的，所以我们可以要求甲方提供标题或自己撰写标题，方法就是通过阅读文字内容提炼出关键信息。但一定要注意，**所有标题的文字节奏和字数要保持一致**。

轮胎是车辆的"脚"，对车辆来说，轮胎的重要性不言而喻。2046年，轮胎市场的竞争持续加剧，各种轮胎层出不穷。与此同时，THE-CAR的主要竞争对手也已相继把轮胎作为核心单品。因此，对THE-CAR来说，开展轮胎提升项目至关重要。

2046年"双11"，线上最终交易额定格在4682亿元，同比上年增长39%，凌晨第1个小时即完成了2045年"双11"的日交易额。互联网电商平台正以难以想象的速度增长，也为了满足市场需求，企业备件于2046年正式开启了互联网销售的新模式。

2046年4月，A地与B地仓库作为最后一批仓库上线。如今THE-CAR在全国已拥有A地、B地、C地、D地、E地、F地、G地、H地和L地等19个备件库，以及M地、N地和O地等13个海运港口，日配送项目也已覆盖全国88%的经销商，占有91%的销售额。

自2044年项目试运行以来，THE-CAR日配送项目不断发展。该项目采用专用车辆和固定路线的班车制送货，前期我们会根据货物量波动及时调整车型或线路，直至订货量趋于稳定。班车制的实行不仅明显缩短了到货时限，也有效降低了运输破损率。此外，为应对部分城市的货车限行政策，日配送团队实施了夜间配送，将其与日配送相结合，大大提升了服务效率，让经销商和用户能够更加及时地获得备件补给。

可以为4段文字分别提炼出以下标题。

措施有利 无与"轮"比	轮胎是车辆的"脚"，对车辆来说，轮胎的重要性不言而喻。2046年，轮胎市场的竞争持续加剧，各种轮胎层出不穷。与此同时，THE-CAR的主要竞争对手也已相继把轮胎作为核心单品。因此，对THE-CAR来说，开展轮胎提升项目至关重要
双"营"模式 "盈"合市场	2046年"双11"，线上最终交易额定格在4682亿元，同比上年增长39%，凌晨第1个小时即完成了2045年"双11"的日交易额。互联网电商平台正以难以想象的速度增长，为了满足市场需求，企业备件于2046年正式开启了互联网销售的新模式
持续提升 成效斐然	2046年4月，A地与B地仓库作为最后一批仓库上线。如今THE-CAR在全国已拥有A地、B地、C地、D地、E地、F地、G地、H地和L地等19个备件库，以及M地、N地和O地等13个海运港口，日配送项目也已覆盖全国88%的经销商，占有91%的销售额
探索进取 臻于至善	自2044年项目试运行以来，THE-CAR日配送项目不断发展。该项目采用专用车辆和固定路线的班车制送货，前期我们会根据货物量波动及时调整车型或线路，直至订货量趋于稳定。班车制的实行不仅明显缩短了到货时限，也有效降低了运输破损率。此外，为应对部分城市的货车限行政策，日配送团队实施了夜间配送，将其与日配送相结合，大大提升了服务效率，让经销商和用户能够更加及时地获得备件补给

结合以上两点，标题与数字在版面中就可以以右图的形式进行呈现。

3.2.3 提炼卖点

有时客户并没有给出产品的卖点，所以就需要设计师自己提炼一些卖点去跟客户确认。例如，客户想要做一款隐形袜的包装，通过沟通，明确这款隐形袜的特点是棉质、舒适、透气。设计时，先修改产品名，将"隐形袜"改为"舒适隐形袜"，然后依据产品的属性提炼出透气、棉质、舒适和优选等卖点，并将每个卖点以图标的方式来表示，这样卖点就会更加醒目。

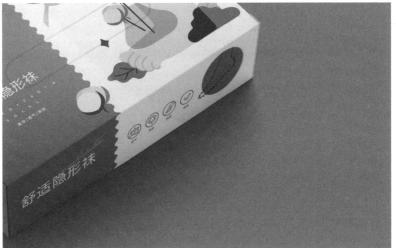

提示 虽然设计师希望提炼的是有效的卖点，但也要注意不要写产品不具备或是法律禁止的卖点。例如，在这个例子中，"抗菌"是产品不具备的功能，所以是不可以写进去的。

3.3 划分文案层级

划分文案层级对设计师来说是非常重要的设计技能。如果仅仅是在版面中找一块空白的地方把一大段文字排列上去，就不能称之为"设计"。设计的作用不仅是美化版面，利用版面将信息**高效地**传播出去才是设计的初衷。**划分文案层级的核心逻辑非常简单，就是依据受众的关心程度对文案进行排序。**我们来看下面这个活动文案。

银河艺术策展协会将于2046年5月5~15日举办一场名为"华冠绣羽"的摄影展，展品为张先生拍摄的300余种鸟类作品。开幕当天会有抽奖活动，中奖者将会获得张先生下一次拍摄之旅的团队跟随名额（附活动抢票二维码）。

下面来思考，路人看到了这样一张海报会首先关心什么呢？**首先**可能会关心的就是活动主题和活动内容，**然后**如果感兴趣就会继续阅读，如果不感兴趣就会离开。但是如果在**离开之前**发现了抽奖活动并对抽奖活动感兴趣，就有可能去参加。**接下来**就是看活动时间，如果时间合适就进一步查看报名方式，如果时间不合适就离开。根据这些分析，做出如下的流程图并整理出一个表格。

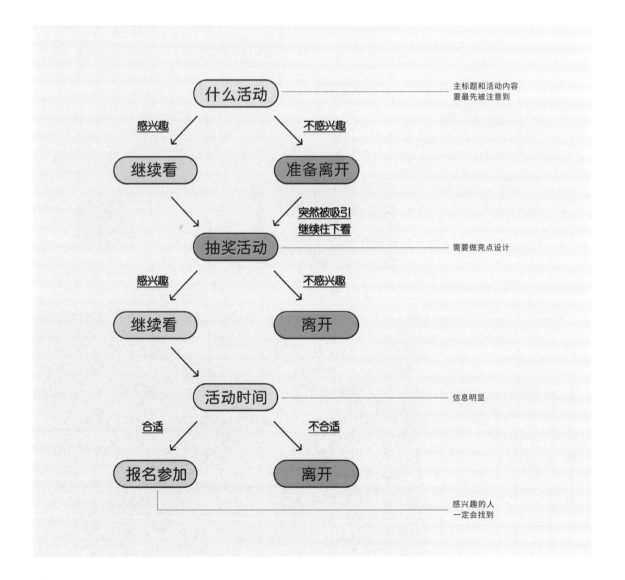

活动主题	华冠绣羽	主标题	1级信息
活动内容	张先生鸟类作品摄影展	副标题	2级信息
活动细则	开幕当天会有抽奖活动，中奖者将会获得张先生下一次拍摄之旅的团队跟随名额	亮点设计	特殊设计
活动时间	2046年5月5日~15日	信息明显	3级信息
其他	报名、抢票二维码	信息明显	4级信息
主办方	银河艺术策展协会	相关信息	5级信息

提示 活动除了要有主题，还需要有亮点。例如，"赢限时免单""下单满99元减15元"等，活动亮点不同于活动主体内容，可能是在活动内容之外增加的，所以就不能单纯地按照层级去划分它，要单独提出来。可利用标签或飘带等形式进行设计，面积不能太大，但一定要显眼。

如果要设计一张名片，也可以使用同样的方式进行分析。

公司名	某公司	必要内容	在名片上单独占据一个面
人名	代用名	人们较为关心的内容	1级信息
联系方式	电话号码或其他社交账号	信息明显	2级信息
其他联系方式	地址、邮箱、网站等	相关信息	3级信息

再举一个例子，如果要做一个产品的宣传页，文案是"采用秦薯九号为原材料，古法制作，三蒸三晒，红薯干软糯香甜，两袋19.9元"。与活动海报不同，设计师需要分析文案中的几个关键信息，这里还是用表格进行呈现。

品种	秦薯九号	重要但是名字过于专业，大众听不懂	3级信息
工艺	古法制作，三蒸三晒	特殊之处	亮点设计
产品名	红薯干	人们较为关心的内容	1级信息
宣传语	软糯香甜	普通宣传语	4级信息
价格	两袋19.9元	促销的关键信息	2级信息且属于亮点

经过上面的分析可以发现，对于并列的卖点，也需要从中挑出相对重要的、有别于同类竞品的和大众易懂的并优先展示。

本节主要介绍划分文案层级的方法，读者可以拿平时生活中遇到的文案来练习。第4章会进一步介绍如何将划分好的文案转化成版面。

3.4 构建文案框架

很多读者本身不是很擅长文案写作，委托方也不知道该提供什么样的文案，所以本节按照几种常用的项目类别制作出不同的框架，读者可以根据这些框架让委托方提供文案或是自己进行提炼补充。

3.4.1 海报文案框架

下面列举了两类海报文案的框架，供读者参考。

· **活动宣传**

活动主题	主标题
活动内容	副标题
活动细则	文字介绍
活动亮点	亮点设计
时间地点	相关信息
二维码等	确保正确
主办方	主办方名和联系电话等
相关素材	Logo和图片等

· **产品促销宣传**

活动主题	主标题
促销广告语/ 折扣优惠信息	大亮点设计
活动细则	文字介绍
产品特色	小亮点设计
时间地点	信息要明确
二维码等	确保正确
相关素材	Logo和图片等

> **提示** 所有文案框架都要灵活使用，可以根据实际情况进行增删。

3.4.2 包装文案框架

包装文案比海报文案要严谨很多，甚至有一些信息是必须要在包装上体现出来的，更多规范将在第11章详细介绍。

产品名称	主要、显眼
产品实际名称	有的产品有实际名称，非产品名称
卖点	大亮点设计
广告语	小亮点设计
商品相关信息	重量、规格、食品配料表、营养成分表、厂家名称、联系电话和保存方式等
二维码、条形码等	确保正确
相关素材	Logo和图片等

3.4.3 企业介绍画册文案框架

以企业介绍为重心的画册都有一套文案逻辑，下面这一份是比较标准的文案框架，读者可以根据实际情况进行增删。

第1部分	企业信息	名称、联系方式、二维码和网站等
	企业简介	—
	企业理念	—
	组织结构	使用组织架构图来表示
	企业文化	—
第2部分	业务范围	结合说明图片来表示
	业务流程	可以用流程图来表示
	服务优势	—
第3部分	资质荣誉	结合图片来表示
	过往案例	结合图片、数据和图标来表示
	合作伙伴	合作伙伴Logo
第4部分	规划愿景	—

3.4.4 产品/服务画册文案框架

与企业介绍画册不同，产品画册和服务画册要以推广产品和服务为重心。为了便于理解，下面用产品画册的文案框架举例。

第1部分	产品介绍	介绍产品本身
	特殊优势	与竞品相比的优势，可列图表数据进行对比
第2部分	购买理由	消费场景描述、获得收益等
	应用场景	列举产品的实际使用情况
	产品选择	该系列其他可选的产品，可以用图表对比规格和参数的形式来呈现
	问题解答	解答有可能的疑问
第3部分	公司介绍	展示实力，为产品提供研发或服务保障
	过往案例	结合图片、数据和图标来表示
	合作伙伴	合作伙伴Logo
第4部分	售后服务	多种售后方式
第5部分	引导成交	购买或预订方式（引导的路径设计要直观、清晰）

在造成设计反复修改的原因中，有一部分原因是资料不全导致前期在设计上考虑得不够充分，还有一部分原因是甲方本身对资料梳理不到位。掌握上面所列的框架之后，设计师就可以对照实际的文案情况进行查漏补缺，同时也有利于甲方给出更完整的文案。这样就可以在设计中掌握主动权，既能展示设计师的专业性，又能避免很多后续的麻烦。

观察作业 平时可以留意搜集一些电子版或纸质版的画册、手册和海报，观察和总结上面的文案框架，并注意其他设计师是如何划分文案层级及如何设计亮点部分的。

第 **4** 章

排版有质感的秘诀：
合理的文字组合

本章的内容是排版的基础知识，也是重点知识，会对文字排版中需要注意的细节进行拆分讲述，哪怕是一个很小的细节也会给版面带来不同的变化。相信读者学习完本章后会对文字排版的知识有更深刻的理解。

4.1 字距与行距的设置

不知道读者在设计时有没有出现过这种情况：排版时整个版面看起来似乎不对但又不知道怎么修改，导致最终排版的效果与整个版面内容的氛围不符。出现这种情况的原因很可能是字距和行距的设置不恰当，本节就来讲解字距和行距的知识点。

4.1.1 不同间距对版面氛围的影响

字距和行距好比人说话的语速，如果很紧密就会给人很焦急的感觉，如果很宽松则会给人很平缓的感觉，因此字距和行距就是在细节上影响版面整体氛围的主要因素。下面通过右侧的例子来对比感受一下。

Q：右侧哪张图的文字排列更适合版面的氛围？

A：第1张图，因为文字的排列更宽松。

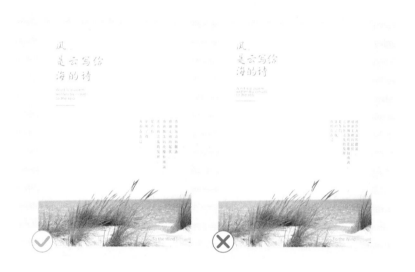

Q：右侧哪张图的文字排列更适合版面的氛围？

A：第1张图，因为文字的排列更紧凑，节奏感更强。

在上面第1个例子中，版面整体氛围是轻松悠闲的，使用略宽的字距和行距可使人感觉更放松，而如果采用紧密的字距和行距就会使版面显得不够舒展，不能更好地与文字内容和画面内容相匹配。在第2个例子中，版面整体氛围感是很强烈的，并且这个版面需要起到刺激人们消费的作用，所以需要使用更紧密的字距和行距，使得节奏加快并使画面富有动感，如果使用宽松的字距和行距反而会给人一种散漫和跟不上节奏的感觉。

4.1.2 间距的设置逻辑

前面让读者直观感受了不同的间距对版面氛围的影响，接下来以实际的数值为例从根本上说明设置间距的逻辑。右图是Illustrator中的"字符"面板，红框框住的部分分别是字号、行距和字距的设置。

下图是同一段文字使用不同间距排列的效果。①②③④的行距等于字号，版面过于紧密。④的行距小但字距大，纵向的距离小于横向的距离，稀疏的文字会让人读起来很累。可以回忆一下前面所讲过的"亲密"原则，这样的间距让人误以为文字是竖向排列的，所以这4种设置方式都是不推荐的。而⑤⑥⑦⑧的行距分别是字号的1.2倍、1.3倍、1.5倍和1.6倍，设置合适的字距后，版面就可以体现出不同的氛围，整体来说都是让人感觉舒适的，所以要根据实际的版面需求灵活设置字距和行距。

①	②	③	④
字距与行距设置的根本逻辑是阅读的感受。合适的字距与行距会让读者阅读起来更加流畅，减少阅读负担。字距和行距过宽会导致内容不连贯，让读者在阅读时处于一种"找"的状态；字距和行距过窄会导致内容很拥挤，让读者在阅读时处于一种"分辨"的状态。字距与行距的设置要配合好，任何一方过大都会导致整体内容不够和谐。	字距与行距设置的根本逻辑是阅读的感受。合适的字距与行距会让读者阅读起来更加流畅，减少阅读负担。字距和行距过宽会导致内容不连贯，让读者在阅读时处于一种"找"的状态；字距和行距过窄会导致内容很拥挤，让读者在阅读时处于一种"分辨"的状态。字距与行距的设置要配合好，任何一方过大都会导致整体内容不够和谐。	字距与行距设置的根本逻辑是阅读的感受。合适的字距与行距会让读者阅读起来更加流畅，减少阅读负担。字距和行距过宽会导致内容不连贯，让读者在阅读时处于一种"找"的状态；字距和行距过窄会导致内容很拥挤，让读者在阅读时处于一种"分辨"的状态。字距与行距的设置要配合好，任何一方过大都会导致整体内容不够和谐。	字距与行距设置的根本逻辑是阅读的感受。合适的字距与行距会让读者阅读起来更加流畅，减少阅读负担。字距和行距过宽会导致内容不连贯，让读者在阅读时处于一种"找"的状态；字距和行距过窄会导致内容很拥挤，让读者在阅读时处于一种"分辨"的状态。字距与行距的设置要配合好，任何一方过大都会导致整体内容不够和谐。
字号:10pt 字距:0 行距:10pt	字号:10pt 字距:40 行距:10pt	字号:10pt 字距:80 行距:10pt	字号:10pt 字距:200 行距:10pt

⑤	⑥	⑦	⑧
字距与行距设置的根本逻辑是阅读的感受。合适的字距与行距会让读者阅读起来更加流畅，减少阅读负担。字距和行距过宽导致内容不连贯，让读者在阅读时处于一种"找"的状态；字距和行距过窄导致内容很拥挤，让读者在阅读时处于一种"分辨"的状态。字距与行距的设置要配合好，任何一方过大都会导致整体内容不够和谐。	字距与行距设置的根本逻辑是阅读的感受。合适的字距与行距会让读者阅读起来更加流畅，减少阅读负担。字距和行距过宽会导致内容不连贯，让读者在阅读时处于一种"找"的状态；字距和行距过窄会导致内容很拥挤，让读者在阅读时处于一种"分辨"的状态。字距与行距的设置要配合好，任何一方过大都会导致整体内容不够和谐。	字距与行距设置的根本逻辑是阅读的感受。合适的字距与行距会让读者阅读起来更加流畅，减少阅读负担。字距和行距过宽会导致内容不连贯，让读者在阅读时处于一种"找"的状态；字距和行距过窄会导致内容很拥挤，让读者在阅读时处于一种"分辨"的状态。字距与行距的设置要配合好，任何一方过大都会导致整体内容不够和谐。	字距与行距设置的根本逻辑是阅读的感受。合适的字距与行距会让读者阅读起来更加流畅，减少阅读负担。字距和行距过宽会导致内容不连贯，让读者在阅读时处于一种"找"的状态；字距和行距过窄会导致内容很拥挤，让读者在阅读时处于一种"分辨"的状态。字距与行距的设置要配合好，任何一方过大都会导致整体内容不够和谐。
字号:10pt 字距:0 行距:12pt	字号:10pt 字距:20 行距:13pt	字号:10pt 字距:40 行距:15pt	字号:10pt 字距:60 行距:16pt

从前面的对比图可以总结出：**设置字距和行距的根本逻辑是依据人的阅读感受。**

提示 不同的字体由于其结构和特点不同，每个字的字框大小也不一样，即字符本身自带的间距是不同的，因此在排版时也需要考虑这个问题。

下图选取了4种常用于正文的字体进行排版，可以看出，即使设置相同的字号、字距和行距，不同的字体呈现出的效果是不同的。

字距与行距设置的根本逻辑是阅读的感受。 合适的字距与行距会让读者阅读起来更加流畅，减少阅读负担。 字距和行距过宽会导致内容不连贯，让读者在阅读时处于一种“找”的状态；字距和行距过窄会导致内容很拥挤，让读者在阅读时处于一种“分辨”的状态。 字距与行距的设置要配合好，任何一方过大都会导致整体内容不够和谐。	字距与行距设置的根本逻辑是阅读的感受。 合适的字距与行距会让读者阅读起来更加流畅，减少阅读负担。 字距和行距过宽会导致内容不连贯，让读者在阅读时处于一种“找”的状态；字距和行距过窄会导致内容很拥挤，让读者在阅读时处于一种“分辨”的状态。 字距与行距的设置要配合好，任何一方过大都会导致整体内容不够和谐。	字间距与行间距设置的根本逻辑是阅读的感受。 合适的字间距与行间距会让阅读更加流畅，减少阅读负担。 字距和行距过宽会导致内容不连贯，让读者在阅读时处于一种“找”的状态；字距和行距过窄会导致内容很拥挤，让读者在阅读时处于一种“分辨”的状态。 字间距与行间距也要配合好，单独某一方过大都会导致整体不够和谐。	字间距与行间距设置的根本逻辑是阅读的感受。 合适的字间距与行间距会让阅读更加流畅，减少阅读负担。 字距和行距过宽会导致内容不连贯，让读者在阅读时处于一种“找”的状态；字距和行距过窄会导致内容很拥挤，让读者在阅读时处于一种“分辨”的状态。 字间距与行间距也要配合好，单独某一方过大都会导致整体不够和谐。
思源黑体	楷体	仿宋	方正细圆
字号:10pt 字距:40 行距:15pt	字号:10pt 字距:40 行距:15pt	字号:10pt 字距:40 行距:15pt	字号:10pt 字距:40 行距:15pt

因此，在设计时不需要刻板地记住字距和行距的数值，而是要将文本作为一个整体去考虑，单独将某一个数值放大可能会使版面变得不协调。此外，如果字重和文字层级不同，那么也需要设置不同的间距。

提示 如果从点、线、面的构成原理来看，当字距与行距过小时，内容就会连成一片，形成一个“面”，使版面显得过于单调。当字距与行距适当时，就会出现第 1 章中所讲的“点连成线”“线连成面”的情况，版面中元素齐全，自然就美观。这样解释并不是说在设置字距和行距时一定要考虑点、线、面的构成原理，只是多提供一个思考角度，以便进一步梳理知识。

4.2 段落的设置

在了解了字距和行距之后，本节将进一步讲解关于段落设置的知识。段落的分布要依据一定的文字逻辑关系，但是在排版时仅从文字角度进行考虑是不够的，段落的设置有更细致的要求。

4.2.1 中文段落的设置方法

在进行中文段落的设置时，有时需要从阅读的方便性和版面的美观性等方面进行考虑，但也需要遵守一定的排版规范。观察右图，思考①②③中分别有什么问题。

①	②	③
字距与行距设置的根本逻辑是阅读的感受。 合适的字距与行距会让读者阅读起来更加流畅，减少阅读负担。 字距和行距过宽会导致内容不连贯，让读者在阅读时处于一种"找"的状态；字距和行距过窄会导致内容很拥挤，让读者在阅读时处于一种"分辨"的状态。 字距与行距的设置要配合好，任何一方过大都会导致整体内容不够和谐。	字距与行距设置的根本逻辑是阅读的感受。 合适的字距与行距会让读者阅读起来更加流畅，减少阅读负担。 字距和行距过宽会导致内容不连贯，让读者在阅读时处于一种"找"的状态；字距和行距过窄会导致内容很拥挤，让读者在阅读时处于一种"分辨"的状态。 字距与行距的设置要配合好，任何一方过大都会导致整体内容不够和谐。	字距与行距设置的根本逻辑是阅读的感受。 合适的字距与行距会让读者阅读起来更加流畅，减少阅读负担。 字距和行距过宽会导致内容不连贯，让读者在阅读时处于一种"找"的状态；字距和行距过窄会导致内容很拥挤，让读者在阅读时处于一种"分辨"的状态。 字距与行距的设置要配合好，任何一方过大都会导致整体内容不够和谐。

下面看一下①②③中存在的问题，④是综合调整后的效果。

①	②	③	④
字距与行距设置的根本逻辑是阅读的感受。 合适的字距与行距会让读者阅读起来更加流畅，减少阅读负担。 字距和行距过宽会导致内容不连贯，让读者在阅读时处于一种"找"的状态；字距和行距过窄会导致内容很拥挤，让读者在阅读时处于一种"分辨"的状态。 字距与行距的设置要配合好，任何一方过大都会导致整体内容不够和谐。	字距与行距设置的根本逻辑是阅读的感受。 合适的字距与行距会让读者阅读起来更加流畅，减少阅读负担。 字距和行距过宽会导致内容不连贯，让读者在阅读时处于一种"找"的状态；字距和行距过窄会导致内容很拥挤，让读者在阅读时处于一种"分辨"的状态。 字距与行距的设置要配合好，任何一方过大都会导致整体内容不够和谐。	字距与行距设置的根本逻辑是阅读的感受。 合适的字距与行距会让读者阅读起来更加流畅，减少阅读负担。 字距和行距过宽会导致内容不连贯，让读者在阅读时处于一种"找"的状态；字距和行距过窄会导致内容很拥挤，让读者在阅读时处于一种"分辨"的状态。 字距与行距的设置要配合好，任何一方过大都会导致整体内容不够和谐。	字距与行距设置的根本逻辑是阅读的感受。 合适的字距与行距会让读者阅读起来更加流畅，减少阅读负担。 字距和行距过宽会导致内容不连贯，让读者在阅读时处于一种"找"的状态；字距和行距过窄会导致内容很拥挤，让读者在阅读时处于一种"分辨"的状态。 字距与行距的设置要配合好，任何一方过大都会导致整体内容不够和谐。
问题：标点顶格	问题：孤字出现在段尾	问题：末端没有对齐	解决前述问题
解决方法：设置"避头尾集"	解决方法：调整栏宽	解决方法：对齐方式选"两端对齐，末行左对齐"	顶格无标点、无孤字、末端对齐

因此，在排列段落时，需要在"段落"面板中进行设置。需要注意的是，因为标点符号不能顶格，所以需要将"避头尾集"设置为"严格"，同时注意不要出现单独一个字独占一行的现象。设置"两端对齐，末行左对齐"也是为了使段落看起来左右都是整齐和美观的，但这些都不是硬性要求，可以根据实际情况使用其他的对齐方式。

> **提示** 使用两端对齐会使原来的字距发生一些改变，在设计时需特别注意。

下面讲解段间距的设置。根据"亲密"原则，如果拉开段落之间的距离，段落间的区分会更加明显，阅读时就会感觉文字含义的分割变得更加明确。

在下图中，①②③④都设置了同样的字号、字距和行距，但使用了不用的段间距。①的段间距为0pt；②的段间距为5pt，即0.5倍字号；③的段间距为8pt，即0.8倍字号；④的段间距也为8pt，同时段首空了2个字符，如果设置了两端对齐，段首的空距会受影响。

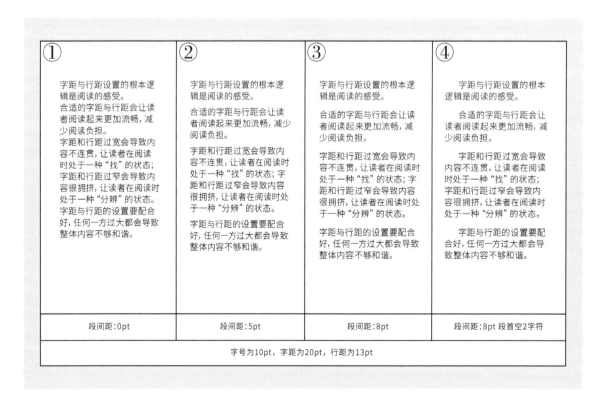

以上几种设置方式可以根据实际情况来使用，但不建议使用①的设置方式，因为各段落还是有间距更好。段间距需要在软件中的"段落"面板中进行设置，图中红框框住的部分分别是"首行左缩进"和"段前间距"的设置。

> **提示** 段落间距是行距与段间距的总和。如果行距为13pt、段间距为8pt，那么实际呈现的段落间距就是21pt。

4.2.2 英文段落的设置方法

英文段落与中文段落的设置原理基本一致，这里重点讲解一下不同之处。英文段落的设置还需要用到的功能是"标点挤压集"和"连字"。勾选"连字"复选框之后，当一行文字的末尾出现较长的英文单词时，会有连字符将字节之间连接起来。

在下图中，①②③④都设置了同样的字号、字距、行距、段间距、段首空格和避头尾集。其中①使用了两端对齐的方式，无连字符，可以看到在某些单词较少的行中出现了不合适的空白。②使用了两端对齐的方式，可以看到第2行末尾有连字符，但是在单词较少的行中也出现了不合适的空白。③使用了左对齐的方式，段落右边出现了参差不齐的情况。④使用了两端对齐的方式，且设置了"标点挤压集"，某些地方出现了单词间空隙过大的情况，影响阅读。

①	②	③	④
The basic logic of the setting of word spacing and line spacing is the feeling of reading. Appropriate word spacing and line spacing will make reading more fluent and reduce the reading burden. Too wide will make the reader's sight in a state of looking because of incoherence; Too narrow will make the reader's eyes in a state of "discrimination" due to the congestion.	The basic logic of the setting of word spacing and line spacing is the feeling of reading. Appropriate word spacing and line spacing will make reading more fluent and reduce the reading burden. Too wide will make the reader's sight in a state of looking because of incoherence; Too narrow will make the reader's eyes in a state of "discrimination" due to the congestion.	The basic logic of the setting of word spacing and line spacing is the feeling of reading. Appropriate word spacing and line spacing will make reading more fluent and reduce the reading burden. Too wide will make the reader's sight in a state of looking because of incoherence; Too narrow will make the reader's eyes in a state of "discrimination" due to the congestion.	The basic logic of the setting of word spacing and line spacing is the feeling of reading. Appropriate word spacing and line spacing will make reading more fluent and reduce the reading burden. Too wide will make the reader's sight in a state of looking because of incoherence; Too narrow will make the reader's eyes in a state of "discrimination" due to the congestion.
两端对齐，无连字符	两端对齐，有连字符	左对齐	两端对齐，设置了"标点挤压集"
字号为10pt，字距为10pt，行距为12pt，段间距为8pt，段首空2个字符，"避头尾集"设置为"严格"			

上面4种对齐方式都存在一定的缺陷，但其实②和③是比较常用的，阅读起来相对流畅，②这种排版方式在报纸、杂志和画册中比较常用。而且如果将②的栏宽增大，就会大大缓解由单行单词过少造成多余空白的情况。

The basic logic of the setting of word spacing and line spacing is the feeling of reading. Appropriate word spacing and line spacing will make reading more fluent and reduce the reading burden. Too wide will make the reader's sight in a state of "looking" because of incoherence; Too narrow will make the reader's eyes in a state of "discrimination" due to the congestion.	The basic logic of the setting of word spacing and line spacing is the feeling of reading. Appropriate word spacing and line spacing will make reading more fluent and reduce the reading burden. Too wide will make the reader's sight in a state of "looking" because of incoherence; Too narrow will make the reader's eyes in a state of "discrimination" due to the congestion.
栏宽25个字符左右	栏宽40个字符左右
两端对齐，有连字符，字号为10pt，字距为10pt，行距为12pt，段间距为8pt，段首空2个字符，"避头尾集"设置为"严格"	

右图两个版面中的英文正文部分分别使用了两端对齐和左对齐的方式。因为只有一列内容需要对齐，文字组的右侧有大面积空白，所以两种对齐方式呈现出来的效果都不违和。

但是在右图这两个版面中，因为共有两组文字，右侧文字组需要以左侧文字组为对齐的依据，所以文字部分使用两端对齐的方式会让版面看起来更整齐、美观。

4.3 栏宽的设置

在排列段落时，尤其是在排大量的正文时，还需注意栏宽的设置。不同的版面需要设置不同的栏宽。

下面来看一组不同版面的对比图，再解释不同的栏宽设置在版面中呈现出的不同效果。

Q：上面哪张图阅读起来更顺畅？

A：第2张图。

经过对比可以发现，由于第2张图中的栏宽设置得更窄，因此阅读起来更流畅；第1张图中的栏宽更宽，导致单行的文字过长，阅读时还要来回寻找，增加了阅读负担，会让人感觉疲倦且容易分神。

由此可以看出设置合理栏宽的重要性，**设置栏宽的根本逻辑同样是依据人的阅读感受**。而短行的文字在排版上更好看是因为它阅读起来使人感觉更舒适。

> **提示** 合适的栏宽配合图片说明更有利于阅读者快速定位视线和获取信息。所以在排版时，如果信息过多，除了要关注栏宽，还可以适当配合图标和图片等元素，以提高信息的传播效率。

4.3.1 合适的栏宽设置

下图列举了同样的文本使用不同字数栏宽的效果，对照一下看哪一组阅读起来更舒服。

每行50个字左右 每行20个单词左右	由于右边版面的栏宽设置得更窄，因此阅读起来更流畅，左边版面的栏宽更宽，导致单行的文字过长，阅读时还要来回寻找，增加了阅读负担，会让人感觉疲惫且容易分神。由此可以看出设置合理栏宽的重要性，设置栏宽的根本逻辑同样是依据人们的阅读感受。而短行的文字在排版上更好看是因为它阅读起来使人感觉更舒适。 Due to the narrower column width, the picture on the right reads more smoothly. In the left picture, when a line is too long, the eyes will "look for it" when they turn back to read the next line, which increases the reading burden. The readers will feel tired and easily distracted. So this is the importance of column width.
每行40个字左右 每行16个单词左右	由于右边版面的栏宽设置得更窄，因此阅读起来更流畅，左边版面的栏宽更宽，导致单行的文字过长，阅读时还要来回寻找，增加了阅读负担，会让人感觉疲惫且容易分神。由此可以看出设置合理栏宽的重要性，设置栏宽的根本逻辑同样是依据人们的阅读感受。而短行的文字在排版上更好看是因为它阅读起来使人感觉更舒适。 Due to the narrower column width, the picture on the right reads more smoothly. In the left picture, when a line is too long, the eyes will "look for it" when they turn back to read the next line, which increases the reading burden. The readers will feel tired and easily distracted. So this is the importance of column width.
每行30个字左右 每行14个单词左右	由于右边版面的栏宽设置得更窄，因此阅读起来更流畅，左边版面的栏宽更宽，导致单行的文字过长，阅读时还要来回寻找，增加了阅读负担，会让人感觉疲惫且容易分神。由此可以看出设置合理栏宽的重要性，设置栏宽的根本逻辑同样是依据人们的阅读感受。而短行的文字在排版上更好看是因为它阅读起来使人感觉更舒适。 Due to the narrower column width, the picture on the right reads more smoothly. In the left picture, when a line is too long, the eyes will "look for it" when they turn back to read the next line, which increases the reading burden. The readers will feel tired and easily distracted. So this is the importance of column width. ✓
每行25个字左右 每行10个单词左右	由于右边版面的栏宽设置得更窄，因此阅读起来更流畅，左边版面的栏宽更宽，导致单行的文字过长，阅读时还要来回寻找，增加了阅读负担，会让人感觉疲惫且容易分神。由此可以看出设置合理栏宽的重要性，设置栏宽的根本逻辑同样是依据人们的阅读感受。而短行的文字在排版上更好看是因为它阅读起来使人感觉更舒适。 Due to the narrower column width, the picture on the right reads more smoothly. In the left picture, when a line is too long, the eyes will "look for it" when they turn back to read the next line, which increases the reading burden. The readers will feel tired and easily distracted. So this is the importance of column width. ✓
每行20个字左右 每行8个单词左右	由于右边版面的栏宽设置得更窄，因此阅读起来更流畅，左边版面的栏宽更宽，导致单行的文字过长，阅读时还要来回寻找，增加了阅读负担，会让人感觉疲惫且容易分神。由此可以看出设置合理栏宽的重要性，设置栏宽的根本逻辑同样是依据人们的阅读感受。而短行的文字在排版上更好看是因为它阅读起来使人感觉更舒适。 Due to the narrower column width, the picture on the right reads more smoothly. In the left picture, when a line is too long, the eyes will "look for it" when they turn back to read the next line, which increases the reading burden. The readers will feel tired and easily distracted. So this is the importance of column width. ✓
每行15个字左右 每行6个单词左右	由于右边版面的栏宽设置得更窄，因此阅读起来更流畅，左边版面的栏宽更宽，导致单行的文字过长，阅读时还要来回寻找，增加了阅读负担，会让人感觉疲惫且容易分神。由此可以看出设置合理栏宽的重要性，设置栏宽的根本逻辑同样是依据人们的阅读感受。而短行的文字在排版上更好看是因为它阅读起来使人感觉更舒适。 Due to the narrower column width, the picture on the right reads more smoothly. In the left picture, when a line is too long, the eyes will "look for it" when they turn back to read the next line, which increases the reading burden. The readers will feel tired and easily distracted. So this is the importance of column width.

通过对比观察可以发现，**中文段落中每行20~30个字、英文段落中每行8~14个单词**阅读起来比较舒服。单行文字太少会影响人眼抓取的信息量，单行文字太多则会使人阅读起来容易串行。

> **提示** 这里给出的参考数值在实际应用时可以上下浮动，而且这也只是在对大量的正文排版时建议使用的数值。如果只是对小量的正文排版，且正文的装饰性大于实用性，则可以根据需要调整。

4.3.2 栏间距与段间距的关系

之所以将栏间距和段间距单独拿出来讲，是因为在排列大量的文字时，栏间距与段间距的距离都较大，但它们之间的关系需要特别注意。仔细观察下图第1个版面，文字的栏间距大于段间距，人们在阅读时会先读完左边所有段落再读右边的段落。而第2个版面中栏间距小于段间距，所以人们在阅读时可能会产生要横着读的想法。所以在排列大量的文字时需注意**栏间距要大于段间距**。

由于右边版面的栏宽设置得更窄，因此阅读起来更流畅，左边版面的栏宽更宽，导致单行的文字过长，阅读时还要来回寻找，增加了阅读负担，会让人感觉疲倦且容易分神。

由此可以看出设置合理栏宽的重要性，设置栏宽的根本逻辑同样是依据人们的阅读感受。而短行的文字在排版上更好看是因为它阅读起来使人感觉更舒适。

由于右边版面的栏宽设置得更窄，因此阅读起来更流畅，左边版面的栏宽更宽，导致单行的文字过长，阅读时还要来回寻找，增加了阅读负担，会让人感觉疲倦且容易分神。

由此可以看出设置合理栏宽的重要性，设置栏宽的根本逻辑同样是依据人们的阅读感受。而短行的文字在排版上更好看是因为它阅读起来使人感觉更舒适。

由于右边版面的栏宽设置得更窄，因此阅读起来更流畅，左边版面的栏宽更宽，导致单行的文字过长，阅读时还要来回寻找，增加了阅读负担，会让人感觉疲倦且容易分神。

由此可以看出设置合理栏宽的重要性，设置栏宽的根本逻辑同样是依据人们的阅读感受。而短行的文字在排版上更好看是因为它阅读起来使人感觉更舒适。

由于右边版面的栏宽设置得更窄，因此阅读起来更流畅，左边版面的栏宽更宽，导致单行的文字过长，阅读时还要来回寻找，增加了阅读负担，会让人感觉疲倦且容易分神。

由此可以看出设置合理栏宽的重要性，设置栏宽的根本逻辑同样是依据人们的阅读感受。而短行的文字在排版上更好看是因为它阅读起来使人感觉更舒适。

由于右边版面的栏宽设置得更窄，因此阅读起来更流畅，左边版面的栏宽更宽，导致单行的文字过长，阅读时还要来回寻找，增加了阅读负担，会让人感觉疲倦且容易分神。

由此可以看出设置合理栏宽的重要性，设置栏宽的根本逻辑同样是依据人们的阅读感受。而短行的文字在排版上更好看是因为它阅读起来使人感觉更舒适。

由于右边版面的栏宽设置得更窄，因此阅读起来更流畅，左边版面的栏宽更宽，导致单行的文字过长，阅读时还要来回寻找，增加了阅读负担，会让人感觉疲倦且容易分神。

由此可以看出设置合理栏宽的重要性，设置栏宽的根本逻辑同样是依据人们的阅读感受。而短行的文字在排版上更好看是因为它阅读起来使人感觉更舒适。

由于右边版面的栏宽设置得更窄，因此阅读起来更流畅，左边版面的栏宽更宽，导致单行的文字过长，阅读时还要来回寻找，增加了阅读负担，会让人感觉疲倦且容易分神。

由此可以看出设置合理栏宽的重要性，设置栏宽的根本逻辑同样是依据人们的阅读感受。而短行的文字在排版上更好看是因为它阅读起来使人感觉更舒适。

由于右边版面的栏宽设置得更窄，因此阅读起来更流畅，左边版面的栏宽更宽，导致单行的文字过长，阅读时还要来回寻找，增加了阅读负担，会让人感觉疲倦且容易分神。

由此可以看出设置合理栏宽的重要性，设置栏宽的根本逻辑同样是依据人们的阅读感受。而短行的文字在排版上更好看是因为它阅读起来使人感觉更舒适。

观察作业 平时可以搜集不同行业中的设计参考图并观察间距对版面节奏的影响，思考图中是否有因使用了错误的间距而使阅读产生障碍的情况。

4.4 字体及其应用

每种字体都有自己独特的风格，在设计时将合适的字体与合适的画面搭配起来可以产生相得益彰的效果。不同的字体特征也会给人不同的感受，在设计时也需考虑版面要传递给观者的感觉。读者在学习了第8章的内容后，可以结合本节所讲的内容自己动手设计字体。

4.4.1 不同字体的风格特征

目前版式设计中常用的中文字体类型可以大致分为黑体、宋体、圆体、书法体和装饰体。其中，装饰体没有特别的规律，在笔画的设计上更多样化。下面先看一些比较有规律的字体类型。

字体特征：粗壮、质朴，边角分明，笔画呈矩形，无曲线装饰。
字体风格：简洁、时尚，有力量感。

字体特征：优雅、轻盈、复古，笔画末端具有装饰性，粗细对比较明显，蕴含曲线。
字体风格：文艺、高级，有古典气质。

字体特征：均匀、圆润、柔和，笔画末端为圆角，粗细均匀。
字体风格：正式中蕴含温柔的气质，具有包容感。

字体特征：古典、恣意、有古风和古韵，有明显的书法运笔走势。
字体风格：可潇洒、可婉约，可复古、可国潮。

字体有很多种，没有不好的字体，只有应用不当的字体。下面通过一个例子来感受一下。

Q：右图中哪种字体与文字内容更匹配？

A：下面的字体更匹配，因为下面的字体给人的感觉更硬朗，显得薯条更"脆"。上面的字体让人感觉薯条是软绵绵的。

了解了字体的风格后，在实际应用中会发现不同的字体会对版面的基调产生很大的影响。在右侧的例子中，第1张图中的文字使用的是宋体，第2张图中的文字使用的是圆体和黑体，思考一下哪种字体与版面的氛围更匹配。

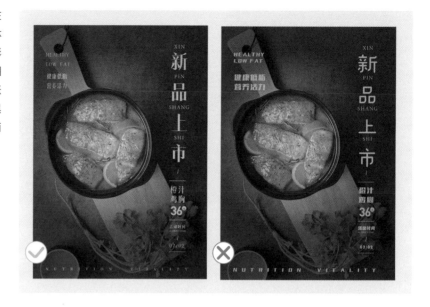

Q：上例中版面应呈现的氛围是什么样的？
A：整个版面呈现的氛围应该是比较优雅的，而且需要突出菜品的品质。

Q：为什么第1张图更合适？
A：宋体给人的感觉是修长、优雅，比较符合版面的氛围。而第2张图中的字体圆润可爱，不适合当前版面的氛围。

Q：第2张图中的字体适合用于什么样的版面？
A：可以应用于符合年轻人喜好的奶茶和甜品的设计版面中。

　　再来看一个例子，同样思考哪种字体与版面的氛围更匹配。

Q：版面的氛围是什么样的？
A：积极健康、值得信赖和富有趣味性的。

Q：为什么第1张图中的字体更合适？
A：两种字体都富有趣味性，但第1张图中的字体给人的感觉更稳重，更容易让人产生信赖感；从整体画面的时尚感角度来考虑，第1张图中的字体也更合适。

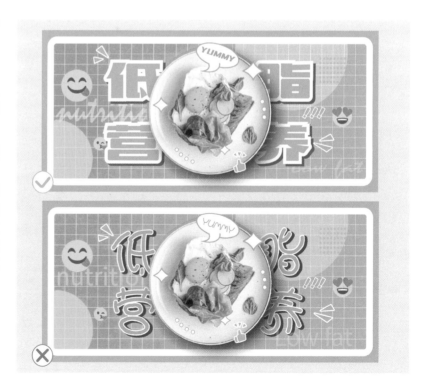

来看下面的例子，感受不同字体对版面的影响。

Q：在上面两张图中，字体看起来都是可以的，都符合年轻、有活力的主题，但为什么第1张图中的字体更好？

A：单独看字体风格，两种字体都是可以的，甚至第2张图中的字体看起来更清晰，但是因为要配合这种圆润的、比例夸张的扁平风插画，所以第1张图中的字体更合适。

通过以上几张对比图可以了解到，选择字体时需要考虑字体与设计意图的匹配度、字体与版面氛围的匹配度，以及字体与插画风格的匹配度。后面会深入介绍字体使用的原则。

4.4.2 字体的用途

每种字体因为本身的风格不同，所以使用起来也是有局限性的。有的字体更适合用于标题，有的字体更适合用于正文，而有的字体本身带有主次之分。通过下面的例子来感受一下。

在第1张图中，标题使用的是装饰性字体，正文使用的是无衬线字体。第2张图中的标题和正文均使用的是无衬线字体，但是增大了标题的字重。第3张图中的标题使用的是无衬线字体，正文使用的是装饰性字体。通过对比可以发现，第1张图和第2张图的文字组合产生的阅读感受要优于第3张图，尤其是正文部分。

因此，装饰性强的字体更适合用于标题，将其放大后装饰细节更明显，也可以更好地确立画面的风格，但如果将这类字体用于大量的正文就会增加人们阅读和辨识的负担；如果版面中的字体都是统一的，则可以通过字重来区分主次。

`观察作业` 注意观察日常见到的设计作品，分析不同的版面是如何选择对应的字体的，并体会应用不同字体所传达出的感受。

4.4.3 字体的应用规范

在实际应用字体时需要注意电子屏幕显示与印刷呈现的区别，电子屏幕显示的字体精度是高于印刷的字体精度的。有时候在计算机屏幕上没有出现的问题，在印刷时就会出现。

例如，在深色背景下使用浅色的文字时，文字的笔画不能太细，否则在四色印刷重复过墨时会发生轻微的渗墨现象，导致文字的笔画变得更细。尤其是在用这样的字体呈现大量的正文时，会让人难以辨识。另外，应该综合考虑字体本身的辨识难度与观看距离。也就是说，**当人距离画面比较远的时候，不要使用过于复杂或难以辨识的字体。**

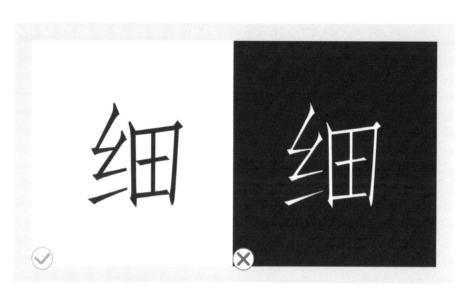

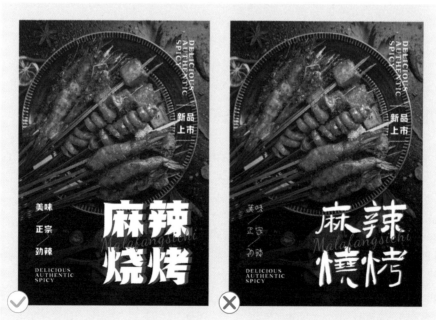

> **提示** 匾牌上使用的字体如果过细，在制作匾牌时使用的一些发光工艺就会受到限制。而且因为过细的字体会让内容的辨识难度增大，所以可能会影响商家的实际宣传效果。

另一个需要注意的问题是**字体的版权**。使用不可商用的字体做商业设计属于侵权行为，这里介绍一下如何解决这个问题。首先需要明确一款字体的授权方式，第1种方式是使用字体的企业需要购买该字体的商用版权，第2种方式是为企业做设计的设计师个人需要购买该字体的商用版权。对在企业工作的设计师而言，如果其所在企业购买了某字体的版权，那他就可以使用该字体为公司进行设计。作为自由设计师，可以采用个人购买授权的方式，这样在为委托方进行设计时，委托方就无须购买字体的版权了。

大部分字库（如方正和汉仪字库）都是使用第1种授权方式，即对企业授权。现在也有一些字库（如喜鹊造字和胡晓波设计等）采用第2种授权方式，大家可以根据不同的需要和实际情况去了解和购买。下面整理了一些免费商用中文字体和可供自由设计师单独购买的字体，读者可以根据需要选择使用。

免费商用中文字体

黑体系列
小米Misans
思源黑体
锐字真言体
优设标题黑
字制区喜脉体
苍耳渔阳体
站酷文艺体
霞鹜尚智黑
站酷酷黑体
庞门正道标题体
阿里巴巴普惠体
素材棄市酷方体
优设标题圆
荆南波波黑

宋体系列
思源宋体
瀞雅明体
繁媛明朝
猫啃网文明宋
猫啃网风雅宋
猫啃网烟波宋
字体圈欣意吉祥宋

楷体系列
方正楷体
風楷體
霞鹜文楷

圆体系列
思源柔黑
仓耳舒圆体
荆南麦圆体
猫啃网糖圆体
站酷庆科黄油体常现

装饰系列
包图小白体
站酷快乐体
庞门正道轻松体
素材集市廉廉体
字体管家乔乔体
字体语奇特战体

书法手写系列
江西拙楷体
龚帆免费体
鸿雷板书
islide天纸体
演示春风楷
演示夏行楷
演示秋鸿楷
演示悠然小楷
刻石录钢笔鹤体
庞门正道粗书体
千图笔锋手写体
仓耳周珂正大榜书

推荐购买商用版权字体
胡晓波浪漫宋
胡晓波青年宋
胡晓波润圆体
胡晓波猫粮体
胡晓波谷云锋锐体
胡晓波谷石厚隶
胡晓波机甲体
胡晓波开心体
胡晓波香辣体
胡晓波雅致黑
胡晓波天空体

推荐购买商用版权字体
喜鹊古风小楷
喜鹊小轻松体
喜鹊在山林体
喜鹊聚珍体
喜鹊燕书体
喜鹊古字典简体
喜鹊乌冬面体
喜鹊招牌体
喜鹊直率体
喜鹊乐敦体
喜鹊梅花楷体

4.5 字重和字号对版面的影响

前面所举的例子中已经用到了字重和字号的知识。字重和字号主要有两个作用：一个是区分文字内容的层级，另一个是表达版面的情绪。本节就介绍一下字重和字号对版面的影响。

4.5.1 突出和强调

字号很好理解，就是字体的大小。那什么是字重呢？字重其实就是**字体的粗细**，不同的字体本身带有不同的字重，字重越大，字体越粗。所以调整文本的字号和字重可以实现突出和强调的效果。

下图列举了在相同字号、字距和行距的情况下，设置不同的字重带来的不同效果。可以得出结论：文本的字重越大，该文本在版面上的存在感越强，越有强调的感觉。

字距与行距设置的根本逻辑是阅读的感受。合适的字距与行距会让读者阅读起来更加流畅，减少阅读负担。字距和行距过宽会导致内容不连贯，让读者在阅读时处于一种"找"的状态；字距和行距过窄会导致内容很拥挤，让读者在阅读时处于一种"分辨"的状态。字距与行距的设置要配合好，任何一方过大都会导致整体内容不够和谐。	字距与行距设置的根本逻辑是阅读的感受。合适的字距与行距会让读者阅读起来更加流畅，减少阅读负担。字距和行距过宽会导致内容不连贯，让读者在阅读时处于一种"找"的状态；字距和行距过窄会导致内容很拥挤，让读者在阅读时处于一种"分辨"的状态。字距与行距的设置要配合好，任何一方过大都会导致整体内容不够和谐。	字距与行距设置的根本逻辑是阅读的感受。合适的字距与行距会让读者阅读起来更加流畅，减少阅读负担。字距和行距过宽会导致内容不连贯，让读者在阅读时处于一种"找"的状态；字距和行距过窄会导致内容很拥挤，让读者在阅读时处于一种"分辨"的状态。字距与行距的设置要配合好，任何一方过大都会导致整体内容不够和谐。	字距与行距设置的根本逻辑是阅读的感受。合适的字距与行距会让读者阅读起来更加流畅，减少阅读负担。字距和行距过宽会导致内容不连贯，让读者在阅读时处于一种"找"的状态；字距和行距过窄会导致内容很拥挤，让读者在阅读时处于一种"分辨"的状态。字距与行距的设置要配合好，任何一方过大都会导致整体内容不够和谐。
思源黑体-Light	思源黑体-Regular	思源黑体-Medium	思源黑体-Bold
字号为10pt 字距为40pt 行距为15pt	字号为10pt 字距为40pt 行距为15pt	字号为10pt 字距为40pt 行距为15pt	字号为10pt 字距为40pt 行距为15pt

带着这样的结论再来看一个例子。下面两张图的版式一模一样，只有字号、字重和文字颜色是不同的。

Q：仔细对比，第1张图与第2张图有什么不同？

A：第1张图增大了产品名的字重并添加了颜色、缩小了宣传语的字号并减小了字重、增大了卖点中数字的字重、缩小了数字后面英文的字号并减小了字重、缩小了人民币的符号并增大了价格的字重。

Q：改变这些字号和字重的逻辑是什么？

A：增大需要消费者优先关注的内容的字重和字号，突出对比，优先抓住眼球。消费者看完这些内容之后如果感兴趣自然会继续看小一些的文字。但**如果事事都想强调，那就会让整个画面糊在一起，没有重点。**

再举一个生活中常见的例子。右图展示的是超市包装食品的价格标签。标签的功能在于提供产品的信息，在产品的所有信息中，将消费者最关心的信息放大。

Q：仔细对比，第1张图与第2张图相比都做了哪些调整？

A：将产品名称和价格的字号放大并增大了字重，因为这些都是消费者非常关心的内容。

这样做的好处是，在实际的场景中，消费者在较远的距离扫视商品时，能快速抓住最核心和关键的信息。所以字号和字重的第1个功能就是突出和强调，再加上颜色的对比就更能使文字引起注意，第2个功能将在下一小节介绍。

4.5.2 表达版面情绪

字号和字重除了有突出和强调的作用，还有表达版面情绪的作用，与之前讲到的字体风格有些类似。掌握字号和字重的知识后，对字体的使用技巧会更加清楚。

下面同样用两个例子来进行说明，试着思考哪种字体与版面的氛围更匹配。

Q：为什么第1张图使用的字体比第2张图使用的字体更合适？

A：因为整个版面的风格很强烈，且内容饱满，如果使用字重较小的字体则很难表达这种情绪。

Q：第1张图中有哪些小细节值得注意？

A：背景的英文使用了镂空的描边效果，使原本字重大的文字在视觉上减小了字重，从而与大标题形成对比，使画面不至于过满和沉闷，且表达的情绪也更强烈。

Q：第2张图的文字看起来更清晰，但为什么第1张图使用的字体更合适呢？

A：因为这是香水的广告，整体需要传达出优雅、纤细和女性化的感觉，第2张图使用的字体虽然清晰，但是字体的风格更加硬朗，与产品的定位有偏差，所以使用第1张图中这种有衬线且更纤细的字体更加合适。

> **提示** 第 1 章中讲过文字跳跃率的知识，本节介绍的字重和字号的知识进一步说明了文字跳跃率对版面的影响。

4.6 文案层级的视觉逻辑

第3章介绍了文案层级的相关内容，本节将进一步介绍如何将文案层级用更丰富的视觉语言表现出来。

下面总结了一些如何运用视觉语言来划分文案层级的方法。

划分文案层级的方法		
强调的方法	**文字分组的方法**	**文字分组的样式**
增大字号	减小文字组内的间距	使用分隔间距
增大字重	增大文字组别的间距	使用分隔符号
使用特殊字体	重复文字组的样式	使用分隔装饰线
区分文字颜色	增加一些图形框进行围绕	添加装饰文案，如用英文来进行分隔
绘制图形、图标	—	使用不同的背景色块

提示 在排版时，并不需要把以上方法都用上，如果都用上，版面就会显得花哨，因此可以选择组合使用部分方法。

4.6.1 卡片文案的层级视觉化

对于平面设计师而言，划分文案层级只是第1步，接下来还要将文案层级根据视觉逻辑体现出来。下面用一个卡片的文案来举例。

版式设计基础与实战

小白的进阶学习之路

版式设计——版式设计是指在有限的版面空间中对图片及文字等元素进行有效的编排。

化繁为简——其目的是使设计在符合审美、令人愉悦的同时，能快速吸引目标人群并提高他们获取信息的效率，化繁为简，层次分明。

编排策略——本书在讲解理论的基础上，结合教学策略进行编排。例如，前面提到的知识在后面还会以其他形式出现，交叉讲解，希望这样可以帮助大家更好地理解和掌握版式设计知识。

根据前面学到的知识来划分上面这段文字的层级关系。

主标题	版式设计基础与实战
副标题	小白的进阶学习之路
并列点1	**版式设计**——版式设计是指在有限的版面空间中对图片及文字等元素进行有效的编排。
并列点2	**化繁为简**——其目的是使设计在符合审美、令人愉悦的同时，能快速吸引目标人群并提高他们获取信息的效率，化繁为简，层次分明。
并列点3	**编排策略**——本书在讲解理论的基础上，结合教学策略进行编排。例如，前面提到的知识在后面还会以其他形式出现，交叉讲解，希望这样可以帮助大家更好地理解和掌握版式设计知识。

层级关系划分完成后，我们就有了大概的设计思路：要突出强调主标题、副标题要清晰、并列点以3组文本段落的形式出现、文本段落的小标题也要有所强调。根据这些思路设计一下版面，效果如右图所示。

看下面的表格，思考上面的例子运用了哪些划分文案层级的方法。

划分文案层级的方法		
强调的方法	文字分组的方法	文字分组样式
增大字号	减小文字组内的间距	使用分隔间距
增大字重	增大文字组别的间距	使用分隔符号
使用特殊字体	重复文字组的样式	使用分隔装饰线
区分文字颜色	增加一些图形框进行围绕	添加装饰文案，例如用英文来进行分隔
绘制图形、图标	—	使用不同的背景色块

所以对文案进行设计的主要目的是使受众能快速理解文案的逻辑并快速获取他自己想要的信息，进而将信息有效传播。

4.6.2 名片文案的层级视觉化

本小节讲解如何划分名片文案的层级。名片上有哪些信息读者应该都很了解，划分层级也很容易。姓名需要被单独提出来并作为最主要的层级信息，但如何排列电话号码、邮箱、网址和地址等信息的层级关系也要特别注意。在设计时可以思考保留名片的人最关注的是电话号码还是其他信息，想清楚这个问题就好办了，接下来举例讲解划分名片层级的方法。

公司名、Logo	在名片上单独占据一个面
人名、职务	1级信息
联系电话和二维码	人们较为关心的内容，作为2级信息
其他联系方式	并列排布的内容

根据以上分析结果来设计两张名片，右侧这种是较为传统的名片，上面的信息包括电话号码、地址、邮箱和网址等。

如今某些社交软件也具有名片的作用，因此人们在使用名片时更希望传递自己的社交账号等信息。所以在设计名片时，会对上面的信息有所删减，如右侧这个例子。

结合下面的表格，思考上面的例子运用了哪些划分文案层级的方法。

划分文案层级的方法		
强调的方法	文字分组的方法	文字分组样式
增大字号	减小文字组内的间距	使用分隔间距
增大字重	增大文字组别的间距	使用分隔符号
使用特殊字体	重复文字组的样式	使用分隔装饰线
区分文字颜色	增加一些图形框进行围绕	添加装饰文案，例如用英文来进行分隔
绘制图形、图标	—	使用不同的背景色块

综上，在设计名片时，需要从使用者的角度出发，以方便使用为原则进行设计。

4.6.3 登机牌文案的层级视觉化

由于登机牌上面的信息都比较重要，因此登机牌文案在呈现时需要考虑重要信息可以被快速找到，复杂信息有图形进行辅助呈现，信息分类清晰。

带着这样的实际需求对登机牌进行设计优化。将重要信息的字号都放大；使用色块将底部的注意信息与其他信息做出区分；对同一类目的文字层级使用同一种设计样式，如登机时间、登机口和座位号都使用线框进行强调，并通过间距将其分开。

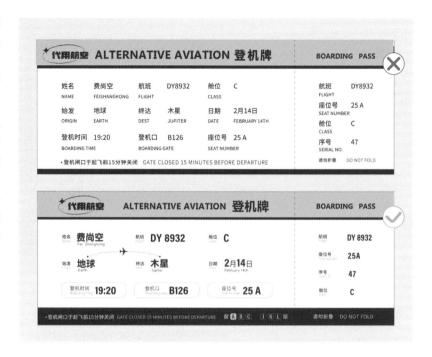

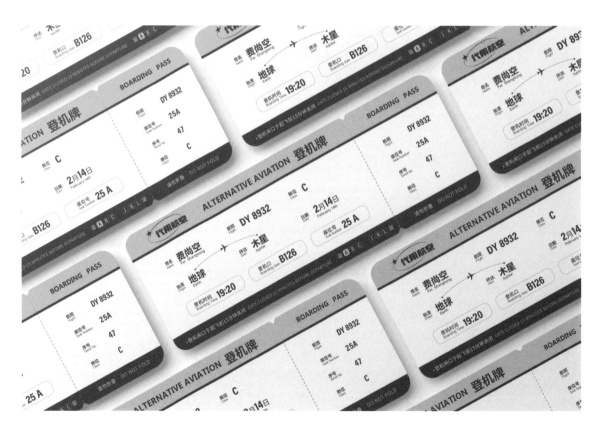

可以发现，优化后登机牌的所有信息都变得更加清晰，也更容易查找。结合下面的表格思考上面的例子运用了哪些划分文案层级的方法。

划分文案层级的方法		
强调的方法	文字分组的方法	文字分组样式
增大字号	减大文字组内的间距	使用分隔间距
增大字重	增大文字组别的间距	使用分隔符号
使用特殊字体	重复文字组的样式	使用分隔装饰线
区分文字颜色	增加一些图形框进行围绕	添加装饰文案，例如用英文来进行分隔
绘制图形图标	—	使用不同的背景色块

当我们从使用者的角度出发，就可以把重要信息提取出来，并通过不同的形式对信息进行分类和呈现。

4.6.4 包装文案的层级视觉化

下面分析一个包装的例子。

这是一个袜子的包装文案，委托方要求只使用文字排版设计一个简约的包装，文案内容如下。

品牌名	朵彩
产品名	纯棉袜
1级卖点	纯棉、抗起球、防臭
2级卖点	舒适、透气

可以看到，以上信息是远远不够的，结合第3章的内容，对袜子的包装文案进行补充。

品牌名	朵彩		—
产品名	纯棉袜	补充后	纯棉舒适袜（给产品名增加形容词，使产品更有吸引力）
1级卖点	纯棉、抗起球、防臭		纯棉、柔软、抗起球、防臭（柔软是纯棉材质的属性，增加一个解释性词汇一方面能使排版更美观，另一方面可以增加产品的卖点）
2级卖点	舒适、透气		舒适、优选、透气（优选是个抽象词，补充进来不影响表述的真实性，且原来的2级卖点较少）

经过分析后，我们就有了大致的设计思路，如将产品名作为第1个层级、强调产品的Logo、使用清晰和直接的文字来表达1级卖点、使用图形来辅助表达2级卖点。

纯棉舒适袜 COTTON SOCKS

纯棉 | 抗起球 | 柔软 | 防臭
Pure & Nature，Soft & Comfortable

纯棉　舒适　优选　透气

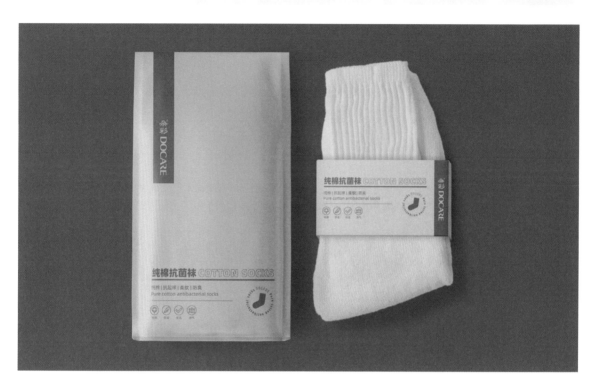

结合下面的表格思考上面的例子运用了哪些划分文案层级的方法。

划分文案层级的方法		
强调的方法	分组的方法	文字分组样式
增大字号	减小文字组内的间距	使用分隔间距
增大字重	增大文字组别的间距	使用分隔符号
使用特殊字体	重复文字组的样式	使用分隔装饰线
区分文字颜色	增加一些图形框进行围绕	添加装饰文案，如用英文来进行分隔
绘制图形、图标	—	使用不同的背景色块

通过上面的例子可以发现，只使用文字进行排版的版面如果想要体现出精致感，需要更注重细节。本小节前面讲了很多排版的细节，掌握这些细节之后，版面的实用性和耐看度都会提升。如果进一步观察上述版面中运用的文案样式，可以发现都**遵循了第1章介绍的点、线、面构成原理**，后面还将进一步讲解文本段落的综合排版。

4.7 符号的运用

在对文字进行排版时，通常会优先关注到**字号、字重、字体**和**间距**等问题。除此之外，有一个容易被忽视的配角——**符号**。符号能在画面中起到点缀和装饰的作用，并能丰富版面的点、线、面排布关系，其本身也能起到引导和指示的作用。本节会详细说明符号在版面中的具体应用。

· **圈定范围**

在标题类文字（尤其是表示分类的标题）中使用符号，可以起到圈定范围的作用。例如，在标题左右分别使用对称符号，与文字一起居中排列，这样既可以方便读者识别标题，又可以将文字层级区分开。

- Part B -

～ 我们的节日 ～

· 承袭百年传统 ·

【逻辑思维】

{1987}

/// 秘籍大公开 ///

> **提示** 符号应与标题间有一些空隙，并且空隙应大于字距。

· **区分同类**

在同一层级关系的文字中，将符号隔在文字中间可以起到区分同类的作用。使用符号进行分隔比单独使用空格进行分隔会让版面显得更美观，并且能起到强调的作用。

珐琅 · 漆器 · 木雕

火锅 | 烧烤 | 辣炒

品牌设计 // 包装设计 // 视觉呈现

荷 / 塘 / 月 / 韵

㊎㊒㊐㊋ 恭喜發財

屋 · 顶 · 空 · 洞

> **提示** 符号字重应小于字体本身的字重。

· **表达联合或包含关系**

除了上述作用，符号还可以用来表示文字之间的联合关系或包含关系，如下图这3种，其中符号"×"是比较常用的。

宇宙文化 × 银河创意

招牌饮品 · 青柠荔枝

新锐作家 ◎ 三只梅饼

> **提示** 使用符号时还应考虑符号本身作为标点符号的含义，这样才能更符合人们的基础认知。

· **表达指示和递进关系**

前面说到使用符号时要考虑符号本身作为标点符号的含义。同样，有些符号具备指示功能，在使用时要注意其本身的属性和特点，如下图的3种符号。

10.15～12.16

2046 ▶ 2048

甜蜜 ⟶ 失忆

> **提示** 上图列举的指示性符号可以用来表示时间或空间的跨度和转换关系。

- **分隔层级**

前面讲层级时多次使用分隔装饰线，这也是一种符号，通常是横线或竖线的形式。装饰线除了可以分隔层级，还可以引导视线。这是线本身的功能，第6章还会专门讲解与线有关的内容。

提示 这里同样要注意线的粗细与上下文字所使用的字重的关系，如果有一方字重比较小，则不宜使用过粗的分隔装饰线。

起分隔作用

起引导视线的作用

- **实际应用举例**

下面看几个实际应用的例子，结合前面所学的内容，注意观察符号是如何在版面中起作用的。

下面第2张图中使用的符号：用于圈定范围的"·""〇""——"，用于划分同类关系的"/"，以及用于汇聚视线的"\/"。

下面第2张图中使用的符号：表示联合关系的"★"、图书名称本身需要使用的"《》"、用于圈定范围的"{}"、表示递进关系的"×"，以及表示时间范围的"▶"。

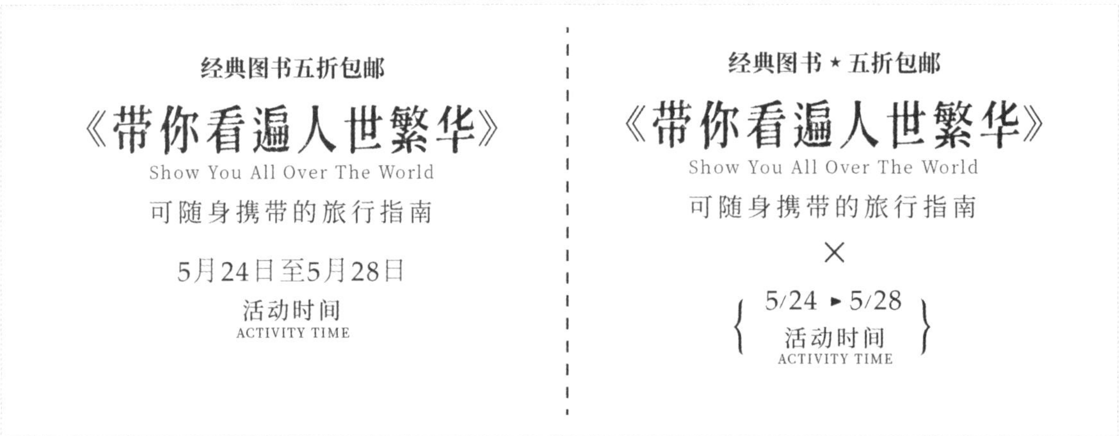

在右侧第2张图中，使用最多的符号是"/"，主要起到的作用是引导人们的视线，将视线从这一段的段末顺利引到下一段的段首；还使用了有引导作用的"▶"；标题后面根据文案的含义使用了引号做延伸，让文案变得更加生动和易于理解。

从这些例子可以看出，合理使用符号除了可以使阅读更方便、更易于理解，还能丰富版面中的点、线、面构成关系。

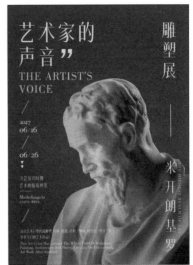

> **提示** 符号作为视觉化的图形，其代表的含义早已根植于人们的底层认知，因此在文本段落中使用符号来进一步解释说明可以有效提高信息的传播效率。

4.8 文字组的排版公式和实例参考

标题的排版有一个公式，灵活使用这个公式可以轻松解决排版中的大多数问题。这个公式就是"**大字＋小字＋英文＋（反色字）＋符号**"。

下表具体说明了这个公式是如何运用的。

内容	作用	对应的点、线、面构成关系
大字	大标题	字号较大，形成"面"
小字	副标题	字号中等，与大标题一起形成"面"
英文	装饰	字号较小，沿曲线或直线路径排列，形成"线"
反色字（非必须使用）	卖点	有底色色块，起到强调作用，横排时可形成"面"，与符号结合使用时可形成"点"
符号	指示与装饰内容	通常可以形成"点"或"线"

> **提示** 这里的反色字指的是在字下面衬一个色块，字的颜色取背景色，使字看起来就像镂空了一样。

下面展示几个例子，注意观察示例中是如何使用公式的。

甜蜜会有的，假期也会有的

·就在某个夏日·

LOGICAL THINKING

逻辑思维

将思维内容联结、组织在一起
的方式或形式

天然
Twenty
years
of
inheritance
传承二十年

BIG BOWL OF TEA

- since 1987 -

 大碗茶

老昧道·最解渴

TITLE LAYOUT FORMULA

标题排版公式

·私藏干货大公开·

大字+小字+英文+（反色字）+符号

　　以上这些排版方式可以应用的范围非常广，如海报、Banner、Logo和包装等。对于很多设计来说，做好了标题的排版就已经成功了一半。

· **文字组排版参考**

下面是一些文字组的排版参考示例，读者可以用来观察学习，也可以用来修改练习。

June Of Filmart Exhibition

六月的菲林

2026.06.16 —————— 06.26

美术油画作品展

Willem van ✕ Vincent Gogh

半价喝奶茶

MILK TEA

EST.2028 1/2 Day MILK TEA

2102 **4.24** MON　2102 **4.30** SUN

TIME

08.16 / 08.19

主办方 Sponsor

艺术中心 Art Center

文创大赛作品展

印山海经象

FREEDOM

全新创作专辑

星球对话

XINGQIU

sing it out loud
the secret of constellation
constellation talk

YOU AND ME THE DISTANT STARRY SKY

手稿巡回展

《素颜韵脚诗》

Plain face
The rhyme poem

06/07 ▶ 12/14

EST.2016

拾光游乐园

开放时间　OPEN TIME

2022 February — 21th
November — 11th

TIME AMUSEMENT PARK

空白之夏

夏日 ——— 手稿展

展览时间 EXHIBITION TIME

2022 8/28 — 9/18

展出地址：复兴大会堂9号展厅

YOUTH DOES NOT END

青春不散場

·重拾美好過去·

NO LONGER LET YOU ALONE

火烈鳥的殤

豆瓣评分9.6 —— 年度治愈佳作

08/15 不再讓你孤單

柏木 电影作品
A FILM BY BAIMU

代用名文化传媒有限公司
根据同名小说《火烈鸟的殇》改编

鮮
YU XIAN JU

海/鲜/餐/厅

欢喜文创大赏

20 08 囍 06 21

喜欢即艺术

FUTANXUANBI

百笔制作技艺

赋檀宣笔

气定神闲 指点江山

守艺人在民间

CHARACTERISTIC SPICY HOT POT ®

麻·辣·烫

辣胡子

食霸江湖 味出道

since 2013

STUDY ←

心/抵/书/店

图书×咖啡×创意产品
音乐×电影×文化元素

Books.Coffee. Creative Products.
Music.Movies.
And Other Cultural Elements.

XIN DI
NIGHT · READING · BOOKSTORE

NIGHT

XINDINIGHT READING BOOKSTORE

观察作业 观察身边的设计，分析不同的版面是如何选择对应的字体的，并体会使用不同字体传达出的感受。

第 5 章

完成合适的配图：
图片的使用方法

　　排版时除了要对文字进行排版，还需要对图片进行排版。但许多现成的图片并不是为我们的设计量身拍摄或制作的，所以需要灵活使用多种处理方法使其满足设计需求。本章将讲解图片的使用方法。

5.1 选择图片

通常来说，图片的来源方式有多种，如在图片网站购买、在免版权的网站下载和拍摄。本书讲解如何处理从网站上获取的图片。首先需要选择图片，但选择图片很费时间，尤其是当发现选好的图片放在设计稿里并不合适时，来回调换、修改非常麻烦。本节介绍几个选择图片的思路，以便读者对图片的使用方法有更进一步的了解，提高选择效率。

5.1.1 注意图片的品质

一张图片的清晰度、光影效果、颜色和构图都会影响图片的品质。

右侧两张图都在展示螺蛳粉，但第1张图中的螺蛳粉看起来明显比第2张图更美味诱人。第2张图的光影效果不是很好，摆盘也不够饱满，与第1张图相比能让人感受到一定的价格差距，所以优先选择第1张图作为素材图片。

5.1.2 注意后期使用问题

在可以搜集到的图片中，有一种是产品图，有一种是摄影作品，这二者的不同之处主要是使用目的不同。产品图注重把产品表现清楚，摄影作品更在意整体的氛围感。假如现在需要一张海报主图，看一下哪张图更合适。

①
背景干净，主体清晰，光线良好，适合做主图

②
主体受环境光影响较大，偏色严重，不适合做主图

③ 主体受摄影表现手法限制，下半部分有虚焦，可以酌情使用

④ 背景干净，光线良好，但主体不全，用作主图会限制画面表现

⑤ 主体有透明部分，映衬了环境光，后期处理起来较为复杂

⑥ 主体右下角太黑，若用作主图则后期处理难度较大

从上面的图片和说明可以看出，即使是非常优质的图片，也不是全都可以用作素材。设计师要明确使用目的，有针对性地挑选符合设计目的的图片。

5.1.3 注意图片表达的主旨

相同主题的图片，若构图和画面内容不同，则会表达出不同的主旨。因此，在挑选图片时要了解摄影师的拍摄意图，将图片用在合适的地方。

以右侧这些图为例，虽然它们都在表现"茶"的主题，但是传达出来的主旨是不一样的。

Q：如果想表现"茶道"，上面哪张图更合适？
A：图①表现的是泡茶的过程，动态的操作更符合"茶道"的感觉。

Q：如果想着重表现"茶叶"，上面哪张图更合适？
A：图③和图⑥，虽然图中还有其他的茶具，但是从构图和光线角度来看，这两张图都在着重表现茶叶的品质。

Q：如果想着重表现"茶汤"，上面哪张图更合适？
A：图④，虽然图②和图⑤的主体也是茶汤，但是景别较远，更注重强调氛围感，不如图④直观。

5.2 抠图

抠图可以说是设计师的基本功了，抠图就是使对象从图片中"独立"出来。本节将列举一些抠图的方法。

5.2.1 抠取对象为单个主体的图片

对象为单个主体的抠图非常容易理解，即画面中只有主体是我们需要的。例如，下面这张图片中只有青铜面具是我们需要的，但如果直接使用这张图片，背景较暗且不方便排版。所以可以直接把主体抠出来，以排除不必要的干扰。并且可以根据想要的风格，为主体更换背景。

还有一种情况：虽然图片的背景并不复杂，但是主体很多。例如，需要使用下面这些图片制作一页菜单，如果保留每张图片的背景，那么整个版面就会变得很乱。所以需要先对每个主体都进行抠图处理，然后排版。

因此，在进行多图排版时，当主体背景不统一且颜色较杂乱时，抠图是非常有效的解决办法。

> **提示** 排版图片时也要关注到层级关系，将主推的产品图片放大，将重点产品放在靠近中间的位置。

5.2.2 抠取对象为场景的图片

除了将主体抠出来，还有一种情况是"抠一半"。区别就是只抠主体时**只保留单独的人或物**，不包括其他环境内容，这种抠图方式侧重于表现主体；"抠一半"表示除了主体，还会**保留其他的环境内容**，如地面、桌面或部分空间，这种抠图方式侧重于表达场景的氛围感。

结合下面两张图应该更容易理解，当主体部分不是具体的某一个产品，而是一个场景时，要抠掉无关的背景，只保留前景。这样就可以在保留氛围感的基础上留出一些空间来摆放文字，以便对版面进行设计。

5.2.3 软件中的抠图操作

本小节介绍抠图时要注意的一些操作细节。因为在很多情况下，抠取的图片都有商业用途，所以对抠图的精细程度要求比较高。如果用软件一键抠图的方式不能满足使用需求，就一定要仔细地使用Photoshop中的"钢笔工具" ✐.来抠图。

在使用"钢笔工具" ✐.勾勒完轮廓后，要注意使用蒙版来抠图。使用蒙版的好处是如果后期需要对一些细节进行修改，不至于"大动干戈"或者在已经删除部分图片信息的情况下从头再来。

还要注意抠图后对杂边的处理。下图箭头所指的位置就是使用"钢笔工具" ✐.抠图后产生的多余杂边。去掉杂边的方法是选中整个主体的外轮廓选区，执行"选择>修改>收缩"菜单命令，根据图片大小收缩2~5px即可。

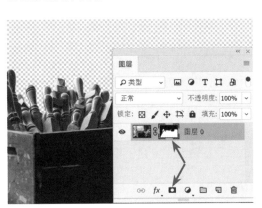
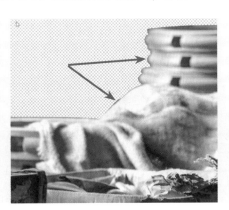

收缩后可以看到选区内的
蚂蚁线向内移动了一部分，刚
好把杂边排除在外。这时只要
进行反选操作，就能在蒙版里
将杂边隐藏或删除。

5.3 聚焦图片重点

如果想让人在看图片时关注到重点，在处理图片时就可以用**裁切**、**模糊**和**放大**等方式来处理图片。其原理就和人眼观察事物的原理一样：人在关注重点时会近距离观察或将目光聚焦到重点内容上。本节就具体讲解一下如何聚焦图片重点。

5.3.1 裁切干扰部分

有时完整的一张图中包含的信息是很多的，裁切可以排除掉图中的干扰信息，使人们快速理解图片的意图。

在下面这个例子中，第1张图是一张完整的人物照片，观者第一时间会被人物面部吸引，接下来才会注意到她正在涂的护肤产品；而经过裁切的第2张图，会让观者的目光快速聚焦到护肤产品上。

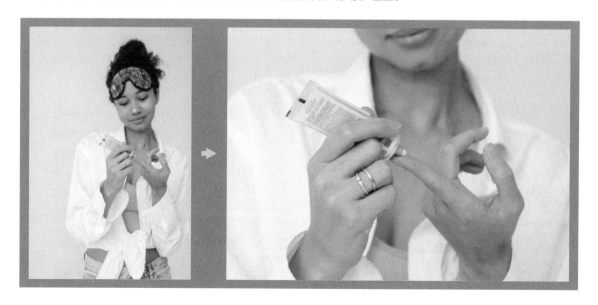

再来看下面这个例子。可能很多人会觉得第2张图没有第1张图好看，裁切掉人物的大部分面部后，画面的确少了很多亮点。但是，不是重点的亮点宁愿不要，去掉大部分面部后人们才会优先关注衬衫。而当人们观察第1张图时，很难优先注意到人物穿了什么。

> **提示** 可以发现在很多广告（尤其是服饰广告）中，模特不是戴着墨镜就是看向别处，有的甚至将模特的脸放在画面之外。这是因为人们在观察图片时会本能地先注意到图中人物的目光，所以为了避免给人们带来干扰，需要对图中人物的眼睛进行处理。

5.3.2 模糊非主体部分

如果图片中非主体部分由于某些原因不能被裁掉，那么可以将它模糊掉。当一张图片中既有清晰的部分又有模糊的部分时，人眼就会自动聚焦到清晰的部分。模糊掉图片中多余的部分后，既可以突出重点，又可以保留氛围感。

在下面的例子中，人们的视线从第1张图转到第2张图之后，重点一下子变得明确了，目光会直接聚焦到图片的重点上。这种横向的动态模糊很像人们快速走动时看到的画面，所以这种模糊方式也可以用来营造忙碌的氛围。

> **提示** 由于人眼习惯于优先注意到细节更多和更精确的事物，所以细节越丰富、越清晰的图片越能吸引人的目光。

5.3.3 直接放大重点部分

　　想要聚焦图片重点，比较简单的方式就是直接放大重点。人们想仔细看一个东西时，会直接把它拉到自己眼前，而当物体的细节足够清晰时，人们的目光就会被吸引。

　　下面第1张图已经是很完整的设计了，可是与第2张图对比就会发现还是第2张图更吸引人。因为第2张图中的食物被放得更大，差不多占据了整个版面的一半，并且因为图片超出了画面边缘，人们就会自动在脑海中产生联想，使食物看起来更诱人。关于图片突破画面边缘的设计方法，第10章会详细地举例说明。

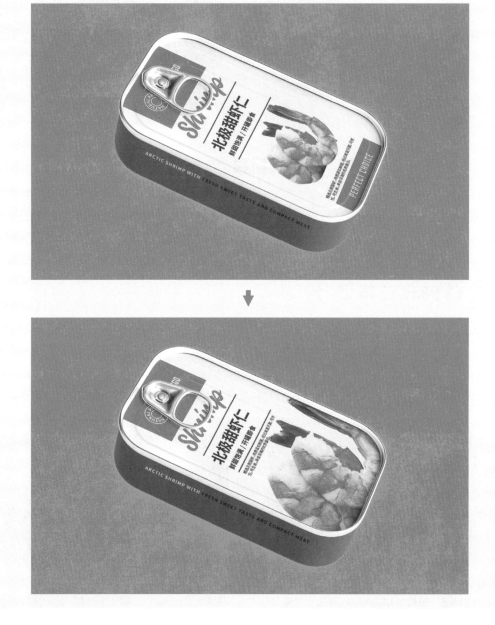

> **提示** 作为设计师，需要时刻记住自己的设计得是有主题的，并重点考虑如何让人们尽可能快速地关注到设计的主题并聚焦主旨，所以在使用图片时要懂得取舍。

5.4 改变图片的原本含义

在无法找到完全符合需求的图片时，可以换一个关键词来搜索，以便找到可能包含我们想要的主体的图片，并将其提取到设计中。

例如，如果现在需要设计一个与宠物救治有关的海报，但却找不到满足需求的宠物图片。而第1张图表现的是带着宠物旅行的场景，图中狗狗的大眼睛看起来既充满期待又有些害怕，因此可以直接将狗狗提取出来作为海报的主体。

添加文案后可以发现，原本狗狗好奇的眼神也可以传达出等待被救治的渴望。

再来举一个例子。有了上面的启发后，思考下图这张人物照片可以拆分出多少个宣传点。

单独截取头发部分，可以作为染发剂类产品的广告图片；单独截取眼睛部分，可以作为美瞳类产品、睫毛膏、眼影等美妆产品的广告图片；单独截取嘴唇部分，可以作为口红类产品的广告图片；而整张图可以作为底妆产品或腮红产品的广告图片。

可以发现，如果我们选取合适的部分呈现图片，即使改变了图片最初要表达的主题，也可以得到一张合适的素材图片。

提示 在改变图片原本所要表达的主题时，往往需要使用裁切的手法对图片进行处理，这种方式可以理解成对图片的"断章取义"。

5.5 搭配手绘

图片能表达的内容总是有限的，如果想让画面变得更丰富，通过画面传达出更多的内容和信息，可以添加手绘和涂鸦。

5.5.1 用手绘使画面更有趣

与制作表情包一样，为画面添加一些手绘的文字、对话框和图标等元素，能使画面生动起来，与观者产生情感上的互动。

在下面第2张图中，手绘的杯盖和珍珠对画面的内容起到了延伸的作用，将画面中没有完全表达出的内容表达了出来，与原图相比显得更有趣。

再来举一个例子，下面第2张图中添加的手绘内容都是与主体相关的元素，既为画面营造了有趣和轻松的氛围，又没有干扰主体元素。因为手绘在细节上远不如实物照片，所以人们还是会将注意力第一时间放在实物照片上。

5.5.2 用手绘延伸画面的含义

如果想让画面传达出更多的含义却又不想喧宾夺主，可以用手绘的形式来表现其他元素。观察右侧两张图，然后回答下面的问题。

Q：当我们观察右侧两张图的时候，会更关注实物还是手绘的元素？

A：第一时间会被实物吸引，因为实物的细节更丰富。

Q：第1张图以展示什么产品为主？

A：以展示蜂蜜为主。

Q：第2张图以展示什么产品为主？

A：以展示薄饼为主。

从上面的两张图可以看出，需要着重展示的产品可以使用实物图，产品的延伸元素可以使用手绘来表示，这样既能更好地衬托产品，又能表明使用的环境，还能表达出产品的使用方法。

5.5.3 将手绘与实物相结合

在产品包装中，使用了手绘元素的包装具备很强的吸引力，但印有实物图的包装更能促使消费者购买。所以如果想让产品包装兼具二者的优点，可以直接将实物图与手绘结合。

例如，右侧这个例子，在设计核桃的包装时如果希望将核桃表现得更有趣味和有创意，同时希望包装不仅能展现创意，也能表达出产品诱人的一面，则可以使用手绘与实物相结合的方式来设计包装。

5.6 调出满意的色调

对图片进行调色是非常基础的设计技能，一张图片放入版面中后，若我们希望让图片看起来更鲜艳明亮，或希望它传达出不同的风格，都需要进行调色处理。本节将列举图片经过调色后起到的作用，了解调色的作用之后，在搜索素材图片时可以更有针对性，并且可以自动联想调色后的效果。

5.6.1 使图片融入画面

在实际的应用中，对图片进行调色的基本目的是使图片融入设计画面。

Q：右侧哪张图看起来更和谐？

A：第2张图看起来更和谐。经过调色后，图片与设计中的主色调更协调，仿佛图片具备了环境光，视觉上也更和谐。

> **提示** 当图片中的物体具备与画面中的色块相同的颜色时，就会让人感觉光影和环境更统一。当然并不是所有的图片都一定要经过这样的调色处理，有时也会以图片的颜色为主去设定色块，或者故意制造对比色。这只是其中的一个调色思路。

5.6.2 赋予画面风格

图片经过调色后可以表现不同的风格，可以说对图片进行不同的调色处理能得到多张新的图片。例如，下面这组图，第1张图为原图，其他3张图分别经过了不同的调色处理，具有了新的风格，分别给人梦幻、萧索、清新和温暖的感觉。由此可以看出，调色可以变换图片的风格，能让图片传达出不同的情绪。

除了对图片本身进行调色，还可以直接将图片整体覆盖上某一种色调。尤其是如果原图本身不够好或者内容杂乱，运用这种方式就可以在保留画面氛围的同时不展示画面的细节。

右侧第2张图将原图覆盖了一层颜色，并修改了图层混合模式，具有较强的氛围感。这样既保留了图片本身的内容又能传达出一定的情绪，从设计技法的角度来看也留出了文字排版的空间。

5.6.3 拯救质量不佳的图片

当图片质量不好无法直接使用时，如果图片提供方允许我们改变图片原始的风格，那么可以考虑给图片换一种呈现方式，如用调色和加滤镜的方式。

下面的两张图片质量都不够好，分辨率不高，图片的对比度和颜色也都不佳，不适合作为主图，并且两张图的风格也不统一。所以可以先对其进行调色处理，通过叠加蓝色图层的方式使图片统一为蓝色，然后选择滤镜中的"彩色半调"，为图片加入圆形网点，这样图片看起来就具备了复古的质感。

提示 因为滤镜可以为画面添加新的细节，从而解决了原图细节不足的问题，所以当遇到图片质量实在不够好又非用不可的情况时，可以考虑这样的方式。

5.6.4 黑白+彩色营造大片质感

在彩色的图片中,如果颜色越多、色彩的饱和度越高,给人的感觉就会越热烈和越积极,亲近感也会更强。相反,如果图片的颜色越少、色彩的饱和度越低,或者说图片中只有黑白色,则给人的感觉就会越冷静和越疏离,更不易接近。可以仔细回忆一下服饰品牌的广告,是不是大牌的广告往往使用的颜色越少、颜色饱和度也较低。而年轻的快时尚类品牌广告的色彩则更加丰富、节奏更明快。所以从色彩的角度来考虑,黑白色比彩色看上去更冷静,也更容易营造出大片质感。

下面第1张图中热闹的城堡是彩色的,调成黑白之后就变得更冷静、更神秘了。

再来举个例子,下面第1张图中彩色的鹦鹉给人的感觉非常活泼;而第2张图中黑白色的鹦鹉显得冷静和锐利;第3张图中只有眼睛部分保留了彩色,既能吸引观者的目光,让视线更加聚焦,又进一步增强了鹦鹉眼神的锐利感。

运用上面所学的知识，再来看一个例子。

Q：右侧哪张图更具时尚感？

A：第2张图。第1张图给人的感觉更亲切，但第2张图给人的感觉更时尚。

Q：右侧哪张图更能让人先注意到配饰眼镜？

A：第2张图。因为画面的主体元素是黑白的，所以会使彩色部分更加突出，反差也会更明显。

提示 在设计图片时，可以使用一种高饱和度的单色呈现黑白图片，使时尚感更加突出。

既然通过改变色调可以改变版面的氛围，那将版面从彩色改成黑白的也算一种特殊的调色处理方式。

在右侧的例子中，将图片原来的彩色全部改成黑白后，再加入浅蓝色，就能让版面显得安静而温柔，很有大片的质感。

5.7 做出有趣的剪贴画报

剪贴画报是一个很有趣的处理图片的方式。就像小时候玩的拼贴游戏，以剪和贴的形式进行设计，非常自由。在设计中运用拼贴的方式可以使事物不受客观环境的限制，也不必考虑光影和比例，甚至不必很精细地抠图。可以采用剪纸或撕纸的效果进行抠图，使画面显得轻松和随意。

例如，在下面这个例子中，把图片的主体粗略地抠出来，再以剪贴画的形式组合起来，并搭配撕纸形状的色块，就可以把不在同一时空却具有相同主题的图片巧妙地融合到一个版面中。

同样，将拼贴与前面讲到的涂鸦形式结合使用，也能产生很有趣的版面效果。

还可以将各种材质和不同的图案进行拼贴，以表现自由、随性的效果。

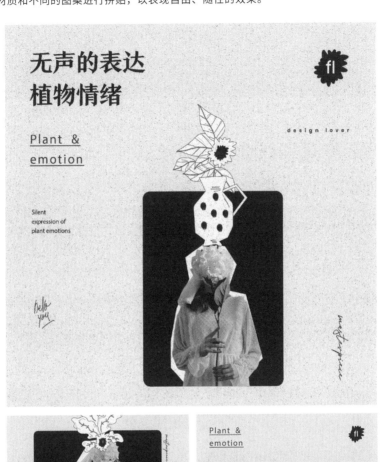

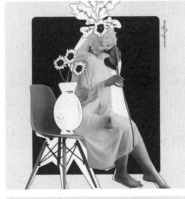

5.8 增加文字的摆放空间

在搜集素材图片时，常常会遇到图片没有给文字留出足够的设计空间的情况。本节介绍两种比较常用的给图片增加文字空间的方法。

5.8.1 根据画面风格增补空间

在下面的例子中，第1张图是原始素材图片，图片的比例和留白都不符合海报设计需求，所以可以把画布拉长，并根据画面内容补一块天空，补好后的画面就有了摆放文字的空间。

可以发现，调整后图片的比例匹配海报的比例。虽然对照片来说顶部过于空旷，但是对海报设计来说，添加文字后画面就会显得很合适。

> **提示** 这里根据画面的内容补充了浅色的天空，一是为了增大空间，形成留白；二是为了让文字在排版时能与背景的颜色区分开来，方便辨识。因此，在补充画面时，要考虑文字颜色和背景颜色的问题。

5.8.2 调整画面中心位置并叠加色块

摄影构图与设计排版不同的是摄影时会将主体置于画面中的有利位置，但设计还要综合考虑文案的位置。所以有时需要对画面进行裁切，将主体调整至画面中合适的位置。

下图是一张构图、比例都很好的摄影作品，主体位于画面中部。但是如果要在这张图片中添加文案，就需要"挪动"一下画面。可以把画面向上平移，这样画面下方就会有一部分空白。

在Photoshop中对空白部分进行框选，按快捷键Shift＋F5对内容进行识别填充，空白部分会根据当前画面情况自动补足。补足之后并不能直接使用，因为补足的效果往往不够完美。接下来选取画面中的深色，制作一个渐变的图层并置于底部，这样就形成了用于排列文字的空间，且能与画面很好地融合在一起。

①

②

③

④

若要将下面第1张图设计成清晰且主体突出的海报，可以先叠加一个渐变图层，给文字留出位置，再对文字进行排版。

5.9 处理不同风格色系的多图组合

有时我们会遇到只能使用委托方提供的图片的情况，而拿到手的图片往往风格各异、构图各异、颜色各异，排在一起很难呈现出统一感和美感。本节将介绍几种处理多图组合的方法，使多种风格的图片排在一起时也可以体现出统一感，在应用时可以根据实际情况合理使用。

5.9.1 统一的几何排布

有时我们拿到的图片可能是各种各样的，如果直接进行排版就难以做到视觉上的统一，所以可以为图片添加几何形状的蒙版，使画面看起来更和谐统一。

以右图的情况为例，可以发现原始的素材图片颜色不同，构图也不同。

如果想以统一的形式将它们排列起来，可以考虑用相同的几何图形来排布它们。虽然置于统一的几何图形中的图片已经有了一定的统一感，但还是有点乱。主要原因就在于每张图片的景别不是统一的，也就是说主体在几何图形中的占比不统一，造成一种看起来忽远忽近的不平衡感。接下来可以进一步调整图片中主体的位置。

调整了主体在几何图形中的占比之后，整个版面明显变得更统一了。这种方法也同样适用于人物群像的排版和同系列产品的排版等，在同系列产品的排版中要注意产品展示的完整性。

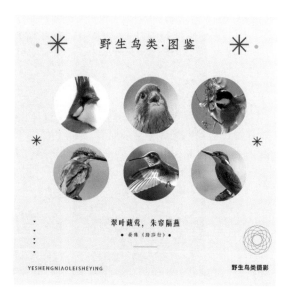

5.9.2 统一的视觉秩序

除了可以对图片进行调整，当不同图片的色系过于杂乱时，还可以在图片之外添加统一的色块和统一的文字等视觉元素让版面更加统一。

继续使用上一小节的例子。为每个圆框增加了黑边之后，进一步增强了画面的统一感。这就是通过额外制造一套统一的视觉秩序来增强画面统一感的方法。

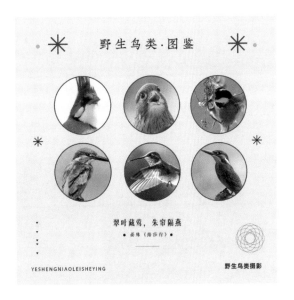

再来举一个例子。下面有3张不同颜色和不同构图的图片，现在需要将它们统一排到一套版面中。

同样，可以通过使用相同色系、相同形状、相同字体、相同装饰符号和相同版式等方式组成一套统一的视觉秩序让版面更加统一。这就是我们常说的"看起来是一套设计"。

提示 上面是品牌设计中常用的设计思路，对主视觉元素进行统一处理可以使不同风格的图片应用更广。

5.9.3 统一的色调

前面的章节已经介绍了调色的思路，其实在排列多张图片时，调色依然是一个好用的方法。尤其当多张图片的色调有明显的差异时，使用调色的方式可以将图片的色调统一，能增强版面的整体感。

比较下面两组设计可以发现，将3张图片统一调整为复古、泛黄的色调之后，原本版面的杂乱感便降低了，同时传统的氛围感也增强了。

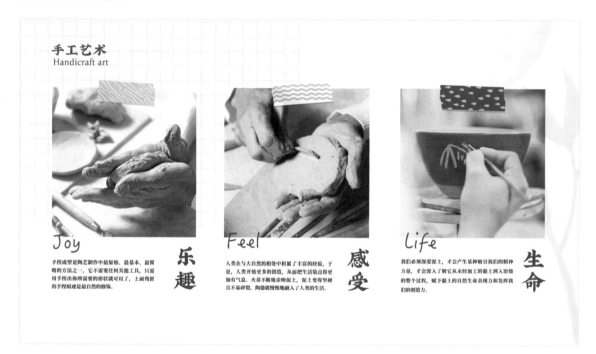

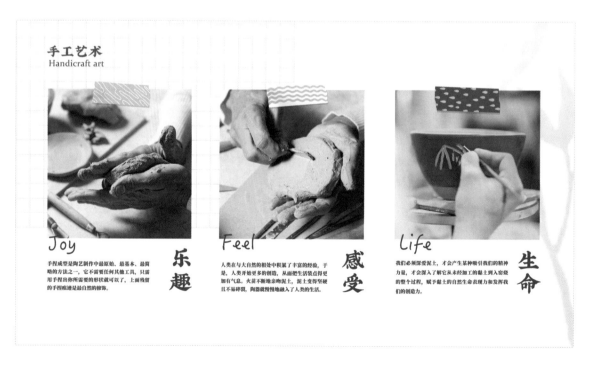

下面是一组颜色差别更大的图片，思考如何将它们统一排到一套版面中。

除了上面提到的几种方法，还可以在允许的情况下对图片进行大幅度的调色处理。例如，将图片都收进矩形框内，使用粉紫色系的色块来统一版面，并将图片全部调成粉紫色的色调，这样整套版面就不会给人杂乱和突兀的感觉了。

5.10 排列组合多张图片

在对多张图片进行排版时，需要考虑图片的位置和尺寸，并且图片与图片之间是存在一定的联系的。本节将介绍几种在排列多张图片时需要注意的问题。

5.10.1 遵循自然规律

这里所说的自然规律是指人们对客观存在的事物长期形成的一种认识或印象，如果违背了这种规律，会让人觉得不适或者迷惑。为了消除这种不适，在安排图片的顺序时需要遵循一定的自然规律。比较下面两组图片来感受一下。

Q：上面哪组图片让人更容易理解？
A：第2组。因为这组图片在排列时遵循了一定的逻辑，体现了苹果从开花到成熟再到被采摘的过程。

再来观察下例中的图片，思考哪组图片给人的感觉更舒适。

Q：上面哪组图片让人感觉更舒适？
A：第2组。因为第2组的图片中高处在上、低处在下，更符合客观规律。

类似的常识性规律还有人物的头顶不应摆放悬空的危险品、花洒应该在浴盆的上面、树枝应该在树根的上面等。综上所述，在对图片进行排列时应该遵循自然规律。

5.10.2　图片跳跃率

图片跳跃率是指版面中不同的图片尺寸和焦距所呈现出来的效果之间的对比。如果版面中有两张图片，一张图片较大且是特写视角，另一张图较小且是全景视角，那么这个版面的图片跳跃率就很高。

在右侧两张图中，大图的猫是全景视角，小图的猫是中景视角，那么这个版面在图片跳跃率上是趋于平衡的，所以整个版面呈现出一种比较安静的氛围感。

在右侧的这两张图中，大图的猫是特写视角，小图的猫是全景视角，那么这个版面的图片跳跃率就比较高，也很吸引观者的眼球。

图片跳跃率低	图片跳跃率高
图片尺寸对比度小	图片尺寸对比度大
焦距对比小	焦距对比大
画面安静	画面充满动感
沉稳	强烈
安静、冷淡、有低语感	热闹、震撼、有呐喊感

结合上面的总结，我们再来看两组图片。

Q：上面哪组图片更吸引人？

A：第1组图片。第1组图片的对比更强烈，第2组图片中苹果的大小相差不大，构图上就显得相对平淡。

> 提示　在选择特写放大的图片时，注意分辨率要足够高，且细节要丰富，这样才能保证图片被放大后也不会模糊。

5.10.3 厘清内容的层级关系

图片在版面中的主要作用是传达相应的信息，所以我们还需要关注图片所传达信息的层级关系。

例如，现在需要制作一份食物的宣传单。假如每种套餐都有不同拍摄角度的图片可供选择，其中一种套餐是主推产品，另外两种套餐为非主推产品，那么可以在众多不同角度的图片中为主推产品选取一个不同的角度，以突出其层级关系。

上面的例子通过调整图片的尺寸、位置和选用不同的拍摄角度等方式表达了版面内容的层级关系。再举个例子，假如现在要为一位创意餐厅主厨的专访页面做一页排版，下面模拟思考的流程，展示选择图片和排版的过程。

在原图中，左右画面展示的都是主厨的全身图，画面内容相似，所以可以尝试放大人物的一部分，修改后的图片如下。

放大后的两张图展示的都是主厨本人，虽然图片的跳跃率高了，但是观者并不能从画面中快速判断出人物的职业，所以需要将其中一张图片替换为菜品图，以便更好地传递出主厨的职业信息，修改后的图片如下。

替换图片后又会发现两个问题：一是两张图都是特写，与上一个版面相比降低了图片的跳跃率，会让人感到无聊；二是主厨的特写照片无法展示出人物的穿着、动作和周围的环境，也无法体现他的职业特点。所以需要再次修改，修改后的图片如下。

经过这次的修改后，图片与主题契合了，观者也可以通过当前版面传递的信息来快速理解人物的职业。但可能有人会问了，如果想提高图片跳跃率，为什么不将图片左右调换，用大图来展示菜品的特写，用小图来展示主厨的全身？这里需要考虑一个关键的问题，即此处以什么宣传点作为重心？标题是"梅西主厨专访"，如果采用右图这种排版方式，那标题就应该改为"创意餐厅专访"了。

理解了排版时要以宣传点作为重心后，接下来举例说明如何选择图片进行放大，以体现出不同的宣传重点。

Q：右图这个版面想要表达的重点是优质水稻、种植的辛劳，还是万顷良田呢？

A：优质水稻。

Q：上面这个版面想要表达的重点是优质水稻、种植的辛劳，还是万顷良田呢？

A：种植的辛劳。

Q：上面这个版面想要表达的重点是优质水稻、种植的辛劳，还是万顷良田呢？

A：万顷良田。

因此，在对多张图片进行排版时，要多考虑一些图片本身的含义，让图片自己"说话"，这样更有助于增强版面的表现力。

> **观察作业** 注意观察图片较多的画册和杂志等，分析它们在排布图片时所依据的逻辑。如果有能力，可以进一步尝试优化图片的排布方式。

5.11 色块是容易被忽视的重要配角

色块在版面中出现的频率很高，但我们常常注意不到它们的存在。本节就来重点分析色块在版面中起到了什么作用，以及如何利用色块来优化版面。

5.11.1 丰富版面，增强版面的构成感

色块的一个基本作用是**丰富版面的色彩关系**和**构成关系**，不一定有实际的含义。

以下面这组图为例，左侧的图片没有色块；右侧的图片中添加了颜色和大小不同的色块，色块起到的主要作用是增加色彩、丰富版面，同时也补充了版面中的"面"和"点"元素，增强了版面中的层次关系。

再来看右侧这个例子，方形的红色色块起到的作用是平衡版面中的色彩和增强版面的层次关系；红色的小圆点起到的作用是增加版面的色彩、丰富版面，同时补充了版面中的"点"元素（注意观察红色圆点与主体之间的呼应关系，后面会对其进行详细讲解）。

5.11.2 聚焦重点，增强层次关系

色块在版面中可起到聚焦视线的作用，回到之前讲的点、线、面的知识，色块在起聚焦视线的作用时往往以"面"的形式出现。

在下面两张图中，第2张图中的主体下添加了一个色块，利用颜色与形状的差异使主体与背景分割开，使人感觉主体被置于另一层上，进一步拉开了版面中的层次。

再来看下面这个例子。在第1张图中，由于文字和主图的面积相差不大，因此没有一个足够大的"面"来让观者的目光聚焦。在主图后面加一个色块，这样就增大了主图的范围，能将观者的目光吸引到主图上。

需要聚焦的除了主图，还可能是文字，前面的内容讲到了使用图片时要给文字留出空间，如果在排版时利用色块将文字与图片区分开，一样可以突出文字。

例如，下面第2张图就是通过直接添加色块的方法来放置文字，这种方法简单且实用。

下面第2张图也是通过添加色块的方法来突出文字，与上一个例子不同的是这里的色块在形状上有所变化，气泡形状的色块用来放置产品名称，横幅形状的色块用来放置宣传语，还有一些条状和点状的色块用在不同的层级上以标识出不同层级的重点。对比第1张图，第2张图显得既丰富又有层次，版面重点也十分突出。

5.11.3 暗示分类

色块还有一个功能是暗示分类。例如，在下面两张图中，浅色的盘子底部添加了一个绿色的色块，结合同色色块中的文本，让人清晰地了解到这两盘是全素的时鲜沙拉；深色盘子底部增加了一个橙色的色块，结合同色色块中的文本，让人清晰地了解到这两盘是低脂的蛋白沙拉，画面的分类让人一目了然。因此，人们通过图形获取信息的速度是优于文字的，所以在设计时可以利用这一点，让人们更高效地理解版面中的信息。

5.11.4 以色块作为蒙版嵌入图片

图形嵌入的几种方法前面都已提到，如抠图后嵌入和将整张图片平铺嵌入等，还有一种方法是利用色块嵌入。例如，下图绘制了一个胡萝卜形状的色块，然后以色块作为蒙版将实物照片嵌入，这种方式适用于只想使用图片的某部分但又没法抠图的情况，该方式能使画面更加生动有趣。

> 提示 | 版面中色块的颜色一般取自主体，使用与主体相同或同色系的颜色能让版面的内容得到延伸。

5.11.5 色块形状的选择

前面讲解了色块的用途，接下来讲解色块的形状是如何确定的。

下面以竖向的两张图作为一组依次进行讲解。可以发现第1组图使用的都是矩形色块，版面给人的感觉是稳定和平和。第2组图使用的是圆形和曲线形的色块，版面给人的感觉是活泼、无攻击性和亲切。第3组图使用的都是斜线形状的色块，版面给人的感觉是充满动感、不安稳感和速度感。

因此，不同形状的色块会带给人不同的感受，除了依据版面想传达出的感觉来设置色块的形状，还有一个比较常用的方法就是从画面本身提取形状并进行抽象化的处理。例如，右图在主体冰淇淋球上提取了圆形的形状。使用圆形色块能让画面整体更加和谐，也更能体现产品亲切友好的特质。

右图中每一个抽象色块的形状都与主体的形状相似，并且因为形状是规则的图形，没有细节，所以与主体间形成了简繁对比，丰富了版面的层次关系，同时又没有强过主体的效果。

利用上面这个思路，还可以延伸出用与主体相关的元素来确定色块形状的方法。如右图中小狗爪印形状的色块，既具有活泼感，又能让人快速联想到与宠物相关的内容。

下图采用了流动液体形状的色块，暗示了产品的饮品属性，即我们还可以依据产品的属性特征来确定色块的形状。

在品牌设计中，有时也会使用与品牌属性有关的色块形状。例如，下图中小女孩背后的形状是左下角Logo中的形状。这也属于在品牌设计中增加Logo使用频率的方法，可以加深人们对品牌的印象。

观察作业 观察优秀的设计作品是如何运用色块的，思考色块形状的选择依据、色块的功能、色块颜色的选择依据，并思考去掉色块后版面中受影响最大的是什么。

第 **6** 章

版面中的线：
引导视线

当人们在浏览一个版面时，以为自己是在自由浏览，其实视
觉流程会受到阅读习惯和画面隐藏的视觉引导线的影响。如果在
版面中设计好"阅读路线"，就可以对观者的视线进行有目的的引
导。本章将讲解视觉流程中那些用来引导阅读的"线"，并分析如
何将这些"线"应用在设计中。

6.1 视觉中心与视线切入点

设置视觉中心和视线切入点是为了更好地吸引观者的目光，两者既相互联系又有一定的区别。本节将重点介绍两者的概念和作用，并明确两者的区别。学会如何设置版面中的视觉中心和视线切入点后，就可以在版面关键的位置放置重要的内容，使人们优先注意到；也可以将阅读路线设计得更加流畅，减轻人们的阅读负担。当视线像坐滑梯一样一顺到底时，画面中表达的内容会更容易被观者接受。

6.1.1 视觉中心

画面中的视觉中心可以被简单理解为画面的主角，而设计师要做的其实就是让观者知道谁是主角，并且将视线集中在主角身上。也就是说，在版面中需要让人们快速汇聚视线到主体上，并理解主体要传达的含义。

为了进一步说明如何体现视觉中心，下面举一些例子。假如现在要排练一个舞蹈节目，可以通过什么样的方法来告诉观众谁是领舞者呢？下面列举了几种方法。

a.在舞台中心跳舞的是领舞者。

b.虽然不在舞台中心，但是其他舞者都穿白裙子，唯独一人穿红裙子，那个人便是领舞者。

c.所有舞者都把目光集中在一个人身上，那么这个人就是领舞者。

d.其他舞者身高都是160cm，只有一人身高为175cm，那么这个人是领舞者。

e.所有舞者排成矩阵站在舞台一侧，有一个人单独站在另一侧，那么这个人是领舞者。

以上内容都很容易理解，那么对应到设计中也是一样的道理，将领舞者改成画面主体。

a.放置在画面中心位置的是主体。

b.使用更显眼的颜色或光影的是主体。

c.视觉引导线汇集的终点是主体。

d.在体积或者视觉重量上占比更大的是主体。

e.与其他元素具有明显对比的是主体。

以上每一点都是突出主体的方法，如果组合使用多种方法，那么主体将更加明显。例如，在上面的方法中，可以让身高175cm、穿红裙子并站在舞台中央的人作为领舞者。但这里需要区分一个概念，即画面的视觉中心和画面的中心区域。以这个例子来说，**画面的视觉中心**是主角，即领舞者，**画面的中心区域**是主舞台。也就是说，画面的中心区域是一个客观的区域，视觉中心可以在画面中心，也可以不在画面中心。在版面中，画面的中心区域在哪里一般取决于人们的阅读习惯。例如，在竖向的版面中，将画面中心区域设在上半部分会使人感到更舒适，所以可以将吸引人的元素放在这个位置，以获得更多的关注。

画面中心区域

　　用下面的图示做进一步说明。在第1张图中，标题与主图散落分布，且主体物的面积相差不大，视觉中心区域没有放置内容，这样无法让人在第一时间分辨出主体，无法为视线找到一个切入点。在第2张图和第3张图中，画面中的主体使用了显眼的颜色并位于中心区域，变得更加明确。在第4张图中，主体标题使用了显眼的颜色，但并未放置在中心区域，这样放置在中心区域的元素和标题之间的权重就会趋于平衡。

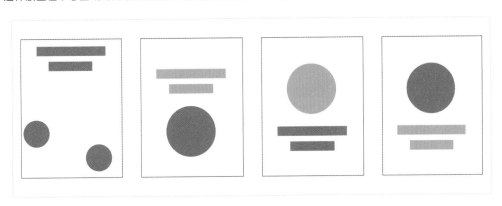

　　有了上面的分析，我们来看下面这个例子。

　　可以看出上面第1张图无法让人判断出画面的主体，下面以一个表格进行总结。

左图的问题	修改得到的右图
文字和两个主图散落分布，且文字与图片的面积相差不大	将两个主图放置在一起，由两个"小面"构成一个"大面"，以吸引观者的注意力
背景颜色与主图没有形成对比	将背景颜色改为浅色，与主图形成对比
画面中心区域没有放置主图	将主图上移，置于画面中心区域

6.1.2 视线切入点

画面中有了视觉中心后，还需要设置一个视线切入点。视线切入点简单来说就是人们的视觉起点或第一眼注意到的位置。一般来说，在排版时可以直接将画面主体置于醒目的位置，作为人们的视线切入点。还有一种情况是将画面中的非主体内容作为视线切入点，但是该物体应该具有一定的视线引导作用，可以将人们的视线引向主体。

我们通过下图来进一步解释说明。可以发现，画面中优先被注意到的是小男孩，小男孩就是这个画面的视线切入点，并且因为小男孩伸出了手指，所以人们的视线会不自觉地顺着他手指的方向去观察，然后注意到文字。

对上图而言，文字才是画面中想要传达的重点信息。但在版面中只放文字是很难吸引人关注的，这时就需要借助其他吸引人的元素来引导视线，因此画面中的视线切入点与视觉中心不一定是相同的。

下面这组图简单呈现了视线切入点与视觉中心之间的指引关系。第1张图是在画面中设置一条隐形的"线"，用于将视线指引到最终的视觉中心上。第2张图是通过一个吸引人的视线切入点和有意为之的"线"将视线指引到视觉中心上。至于"线"是如何制作的，后面会详细地讲解。

6.2 对角线扫视——古腾堡图表

人们的阅读顺序更多依赖于视觉经验和感知习惯，人们会优先注意到视觉对比更强烈的区域。但当画面较为平衡时，也就是当图文并没有强烈的对比时，人们的阅读顺序一般是从左上至右下的。

思考一下人们在超市购物时是怎样扫视货物的。请放松地扫视下图，不要太刻意。

回忆一下扫视右图的顺序，是不是比较接近下图标示的扫视顺序。

根据上面的扫视顺序可以发现，右上角的辣椒和左下角的西红柿容易被忽略。这就是人们在扫视时的一些经验和习惯，所以在版面中可以利用这样的视线规律来有意地对内容排版。约翰·古腾堡据此提出了"古腾堡图表"，指的就是人们浏览页面时的视线都趋于从上到下、从左到右的顺序。下面以一张版式结构原型图为例，可以发现人们的阅读顺序是呈对角线趋势的。

根据古腾堡图表的理论，这样的浏览路径会让人的视线从左上开始，到右下结束，而左下角与右上角的内容容易被忽略。下图中标红的区域是人第一时间浏览的区域，蓝色区域是人用余光浏览或者稍后浏览的区域。

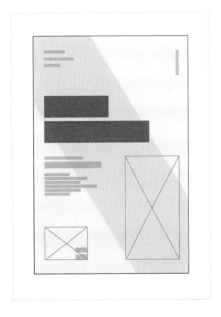

在了解了前面这个原理之后，下面进一步验证如果不按照古腾堡图表排版会呈现出什么样的效果。在下例中，左侧的版面是按照对角线进行排列的，右侧的版面则调整了其中一张配图的位置，导致浏览路径随之发生了变化。

所以在设计时，**可以将需要人们优先注意的内容放置在对角线上**。例如，在设计包装时，将产品名和图片分别放在左上方和右下方的位置，将卖点分别放在右上方和左下方的位置，并将其中相对重要的卖点放在右上角的位置。这样就利用古腾堡图表完成了一个包装的设计。

6.3 线的表现形式与画面风格

从前面所讲的点、线、面知识可知，"线"在画面中的形态可以是直接的线条图形。在本章中，对阅读顺序起到引导作用的物体都可以被称为"线"，包括"视线"（可以被称为一种无形的"线"）。

下面以一组摄影照片为例，这里的"线"是由画面中物体的边缘天然形成的，同时也引导着人们的视线。下面分析视线被这些照片中的"线"引导后的基本感受。

平静 稳定
值得信赖 常规

端庄 气质典雅
挺拔 向上

活力 动感 年轻
有趣

活泼 有趣 动感
丰富

聚焦 神秘
空间感 动感

如果说产生上述感受是因为受到画面内容的影响，那么再来看右图。当画面都是相同的主题时，如果用不同形式的"线"进行构图，画面能带给人什么样不同的感受呢？可以发现，横线型构图给人的感觉是平静的，竖线型构图给人的感觉是端庄的，曲线型构图给人的感觉是动感和活泼的，斜线型构图给人的感觉是有冲击力的。

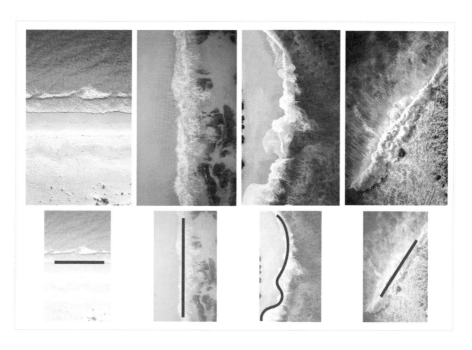

继续看下面这组摄影照片。拍摄的都是荷花，竖线型构图给人的感觉是典雅的，斜线型构图给人的感觉是动感和有趣的，横线型构图给人的感觉是平稳和安静的，射线型构图给人的感觉是聚焦的。

因此，画面中用不同的"线"来构图能带给人不同的感受，我们在设计时可以善加利用这一特点。接下来就利用这些不同形式的线进行构图。

提示 在实际设计时，不一定只使用一种形式的线进行构图，一个画面中往往会综合使用多种线，但为了不使读者混淆，在接下来的讲解中只使用单一形式的线进行构图。

6.3.1 横线型

当将横线应用于版式中时，画面中的视线引导线和文字内容一般横向排布，给人的感觉是安稳。这是比较常用的构图形式，能够营造平静、稳定和值得信赖的氛围。

以下图为例，图中利用图片边缘制作横向的视线引导线，使画面趋于稳定和平和。另外就本图而言，芦苇被风吹动而倾斜，也形成了一种视线引导线，将视线向右引导。所以根据画面内容，可以将文字从左至右排列。

这里提炼出了一些横线型版式结构原型图，读者可以根据需要套入图片和文字进行使用。

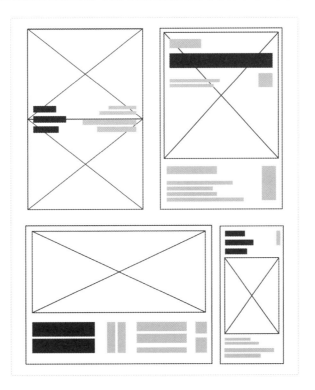

6.3.2 竖线型

当竖线应用于版式中时，画面中的视线引导线和文字内容会引导视线垂直移动，给人以延伸的感觉。这也是比较常用的构图形式，适用于表达端庄、典雅和有气质的画面。

端庄
气质典雅
挺拔
向上

下图利用文字排版制作出竖向的视线引导线，将人们的视线自上而下引导，从远山一路引至近处的建筑，这样图片就配合竖向的文字营造了一种端庄和古典的氛围。

这里提炼出了一些竖线型的版式结构原型图，读者可以根据需要套入图片和文字进行使用。

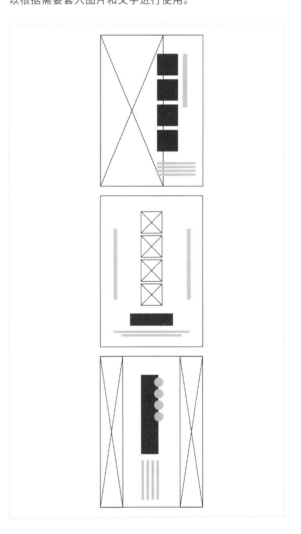

6.3.3 斜线型

当斜线应用于版式中时，画面中的视线引导线会引导视线斜向移动，给人一种充满动感和活力的感觉。这也是比较常用的构图形式，适合表达受年轻人喜爱的、动感的和有创意的内容。

活力
动感
年轻
有趣

观察并感受下面这组对比图，分析在表达相同的内容时，竖向引导线与斜向引导线给人的感受有什么区别。可以发现，竖向放置的"标签"使人感觉画面更稳定和平和，这也符合前一小节所讲的内容。而斜向放置的"标签"使画面给人一种不稳定但有活力的感觉。结合该海报的内容，很明显斜向的"标签"更合适。

下图利用文字和图片排出了一条斜向的视线引导线，并用指尖指向文字引导了阅读流程。倾斜的排版配合文字内容能有效地营造出一种年轻、有活力的氛围，并能吸引观者来参加活动。

这里提炼出了一些斜线型的版式结构原型图，读者可以根据需要套入图片和文字进行使用。

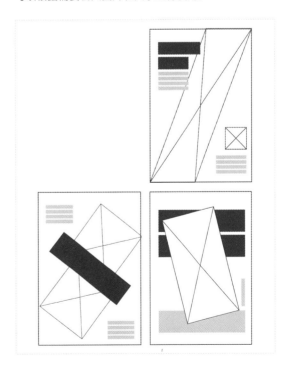

6.3.4 多点连线型

有时在版面中存在多个分散的"点"，人们的视线会在画面中沿着由多个点连接成的路径移动，这种路径一般呈波浪线或折线的形态。这样的构图形式会使画面充满动感和趣味性，适用于表达丰富、活泼和有创意的内容。

在下图中，配图和文字的排列形成了一条隐形的折线，且用细线加强了视线引导。运用这种折线形式来构图，除了能使画面富有动感，还可以尽可能多地利用版面，给每个元素留出更多的空间，平衡各个元素所占的比例，让画面更加丰富。

活泼
有趣
动感
丰富

这里提炼出了一些多点连线型的版式结构原型图，读者可以根据需要套入图片和文字进行使用。

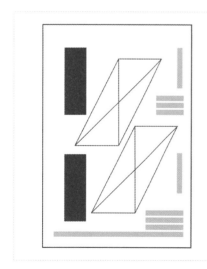
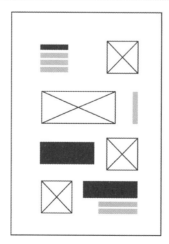
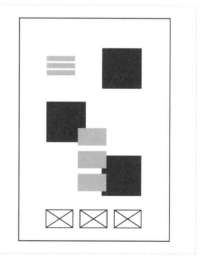

6.3.5 射线型

当射线应用于版式中时，画面中的图片、图形和文字内容会引导视线汇集于某处，形成一种空间感。这种构图形式常用于商品的营销页面，可以突出销售的重点，也能营造出一种商品受人喜爱的氛围。

聚焦
神秘
空间感
动感

下图利用了射线来汇聚视线，将视线切入点放在细节更多的插画上，人们看完插画后视线会向右移看文字。一些飞出的坚果配合射线让画面变得更加丰富。

这里提炼出了一些射线型的版式结构原型图，浅蓝色部分表示图形，读者使用时可以根据实际情况设置内容。

6.4 有形的"线"与无形的"线"

上一节介绍了各种形式的线，它们都可以引导视线移动。本节介绍两类经常在画面中出现的"线"，帮助读者进一步理解"线"的形式和作用。

6.4.1 有形的"线"

有时可以在画面中直接绘制一条实实在在的线来强行引导观者的视线，这就很像我们发图片给别人时会用箭头、圆圈等指出重点，简单明了地告诉对方"看这里"，这样传达信息是非常高效的。

在下图中，直接使用了一条线圈出水杯，引导人们跳过其他干扰因素，直接将视线聚焦到水杯上，强调"多喝水"这个主题。

还可以像下图这样，将线条运用在背景中，并结合插画自身的线条将文字"围堵"在一个范围内，使得视线不得不聚焦到这个范围内。

> **提示** 如果版面中使用的插画是自己手绘或者其他插画师完成的，就可以根据构图使插画本身具备一个视线的引导趋势，这样在后面排版时会方便很多。

6.4.2 无形的"线"

还有一种容易被忽视的"线"——"视线"，这是画面中无形的"线"。当画面中有人物时，人物视线的方向会影响观者观察的方向。

Q：比较右侧两张图，哪张图让人感觉更舒适？

A：第2张图使人感觉更舒适。因为人脸是朝右的，使观者的目光不自觉地跟着人物视线的方向延伸观察，而刚好文字排列在画面右侧，所以使人感觉更舒适。

有了上面的分析，再来看下图的排版。

Q：这张图的文字也位于视线延伸的方向，但它为什么不如上一张图让人感到舒适呢？

A：因为人们正常的阅读顺序是从左至右的，而画面中的人物处于右侧，会先吸引人的目光，如果再次阅读左侧的文字，视线就会来回折返一下，所以阅读起来没有上一张图那么省力（这种排版方式也可以在特定的情况下使用）。

所以，在排版时，如果画面中有明确的视线引导方向，就**根据引导方向**来安排文本的位置。例如，在下面3张图中，主标题都安排在了喜鹊视线朝向的位置，观者在看完主标题后，视线会自然转向其他的内容。

观察作业 浏览设计网站或摄影网站，试图分析其中的作品使用了什么形式的"线"，并分析这样使用的优点。

第 7 章

不妨先背下来：
几种常见的版式结构

　　如果说前面的章节讲的都是"内功心法"，那么本章讲解的就是"外功招式"。本章在遵循设计原理的基础上，整理了一些排版的"套路"，如果设计新手还不能很好地吸收前面所讲的知识，那么不妨先把这些版式背下来，然后在实际应用中一点一点回忆前面讲到的原理。

7.1 上下式

平面设计中命名版式结构的方法有很多，本章讲解的版式结构是围绕视觉重心来展开的，其名称也是依据视觉重心的位置来命名的，以方便读者理解和运用。所以这里的上下式指的就是主图与主标题呈上下排列的形式。这是一种非常常见的版式结构，应用范围也非常广。

我们可以将上下式版式结构概括为下图中的样子。红色部分代表图片，蓝色部分代表文字，二者上下排列，图片和文字的比例可以随意调整。这种版式结构是比较平稳的，容易让人产生信赖感，至于图文哪一部分更重要取决于**图文所占的面积**。

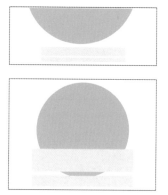

例如，在下面两张图中，由于图文在画面中所占的比例不同，因此人们的视线切入点不同，画面表达的重点也不同。

上下式的版式结构在包装上的应用也很广泛，尤其适合竖向尺寸的包装，可以充分展示图文。在下图这个包装中，插画部分很吸引人，所以给插画多留了一些空间，并采用了上图下文的形式，这样产品名和插画都得到了很好的展示。

下面两个包装都是竖长型的，也比较适合采用上下式的版式结构。

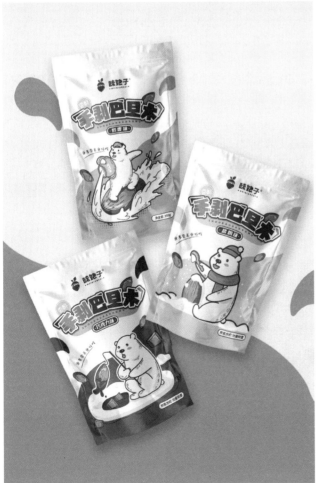

上下式的版式结构很容易理解，应用也比较广泛，初学者可以先掌握这种版式。这里列举了一些上下式的版式结构原型图，读者可以根据实际情况选择使用。

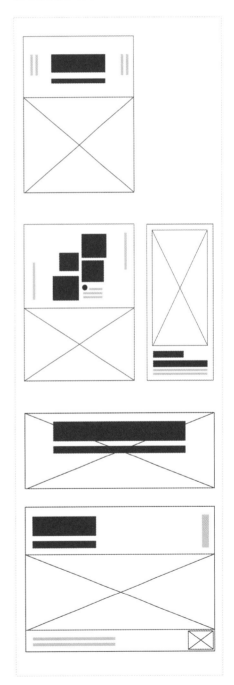

7.2 左右式

左右式的版式结构与上下式较为相似，版面中的主要元素呈左右排列。

我们可以将左右式版式结构概括为下图中的样子。在竖向的版面中，左右式可以由上至下地引导人们的视线，其作用类似于上一章所讲的竖线型版面，能为画面增加端庄和典雅的感觉。在横向的版面中，左右式则可以更好地利用版面空间来展示图片和文字。

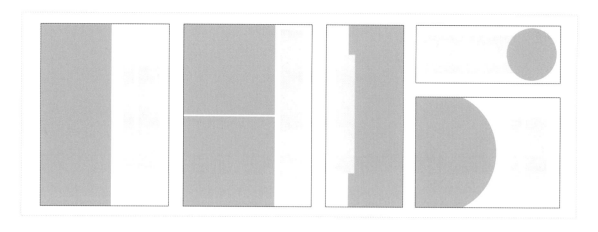

下图是一个竖向的版面，主题是工艺品展览，左右式的版式结构使版面具有了秀气和古典的氛围，也让版面具有了一定的延伸感。

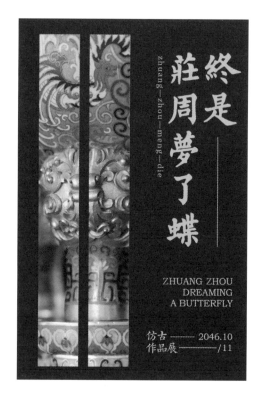

左右式的版式结构也经常用于包装，尤其是横版构图的包装。

右图中的几种物料尽管尺寸不同，但都使用了左右式的版式结构。因为它们的展开设计画布都是横向的，使用左右式的版式结构可以更好地利用版面。

这里列举了一些左右式的版式结构原型图，读者可以根据实际情况选择使用。

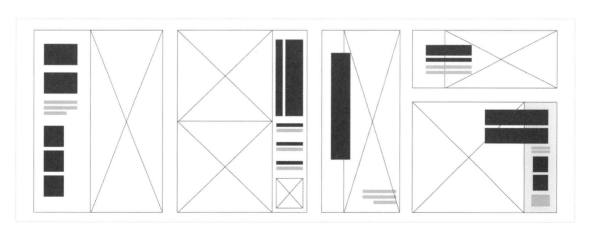

7.3 对称式

　　了解了上下式和左右式后，可以发现这两种版式结构都有一种特殊的形式，即上中下和左中右的排布形式，这种近似轴对称形式的版式结构统称为对称式。

　　我们可以将对称式的版式结构概括为下图中的样子。对称本身就是一种美，版面使用对称式的版式结构可以传达出一种平衡感。对称式也具有丰富的变化形态，**图片和标题都可以作为对称元素**，这也是一种容易出效果且不难掌握的版式结构。

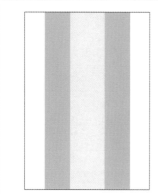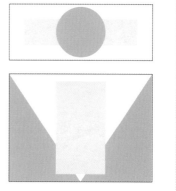

　　对称式比较常见的形式如下图所示，画面中的元素呈左中右排列，近似轴对称的形式。

　　与图片分列两边、文字在中间的形式相反，右图和下图这两个例子使用图片在中间、文字排列在两边的形式，也可以给人一种近似轴对称的感觉。

如果进一步调整版式，将对称轴方向由水平或垂直改成倾斜的，那么对角线对称也算是对称式版式结构中的一种。与其他对称形式不同的是，对角线对称的版式能传递出一种**冲突性和对抗感**。

之前介绍的都是通过对图文排列布局来制造对称的情况。下面再介绍一种对称形式，即由于商品标签自身的特色而将版面设计成对称结构。对称式的标签设计在包装中比较常用，如常见的一些啤酒罐的包装设计会采用对称式的版式结构。

传统主题或传统品类产品的包装也经常采用这种对称式的标签设计。右图的豆浆粉包装就采用了对称形式的标签作为主画面，整体具有古朴的味道。

这里列举了一些对称式的版式结构原型图，读者可以根据实际情况选择使用。

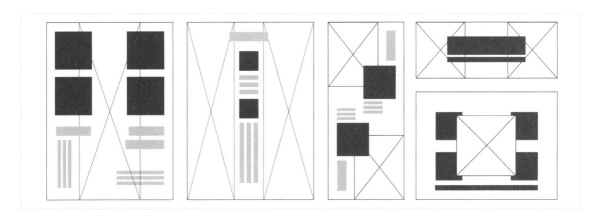

提示 使用对称式版式结构的版面一般都具有传统的美感，春联和年画等都经常采用对称式的版式结构，所以在设计传统题材时可以考虑使用这种形式。

7.4 向前一步走式

起"向前一步走式"这个名字是为了方便读者记忆，这类版式结构的特点是版面中会有一个元素明显向前"走"了一步，**离观者更近**，让观者无法忽视其主体地位。

我们可以将向前一步走式的版式结构概括为下图中的样子。红色部分代表主体，灰色部分代表用来营造空间感的色块。前面讲过图形色块的知识，色块可以使版面更有层次感，这里就充分体现了色块在这方面的作用。

   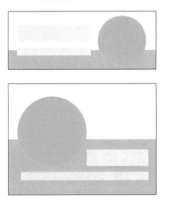

向前一步走式的版式结构更适用于产品类的广告，让版面中的产品"向前一步走"，这样既不影响背景中对产品的介绍，又不影响产品的完整展示。以右侧两张图为例，试着分析这两张图带给人的感受有什么不同。

Q：上面两张图有什么区别？

A：区别是第2张图通过添加色块使空间具有层次感，产品置于色块之上，这样既有足够的空间来放大产品，又不会让版面显得过于混乱，产品就从杂乱的背景中"跳"出来，直观地呈现在人们眼前。

右图同样先使用色块对版面进行分割，再将产品放置在色块之上，使产品看起来最靠前。这里需要注意产品放置的位置，产品放置在**色块与背景的交界处**才能更好地体现出层次感。

这样的版式结构也可以应用于产品的包装设计。例如，下面的两个包装将产品放置于色块与背景的交界处，使得产品主图看起来最靠前，达到了使产品"向前一步走"的目的。

还有一种情况，当版面排得比较完整和复杂，没有预留单独放置主产品的空间时，如果再将产品和背景置于同一层次就会显得很杂乱。因此可以利用色块将文字单独提出来，将主产品放置在色块与背景的交界处，如右图所示。这样背景再复杂也不会影响主产品所要传达的信息。

这里列举了一些向前一步走式的版式结构原型图，读者可以根据实际情况选择使用。

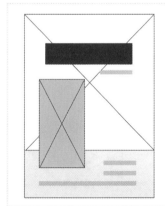
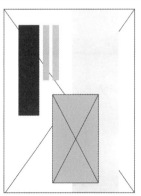
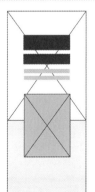
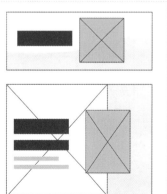

提示 色块形状如何选择可以参考第5章讲的内容。

7.5 端盘子式

与上一节讲的"向前一步走式"的版式结构相反,"端盘子式"的版面强调的主体是文字。就像端起一个盘子一样,此时重点是盘子中的东西。当背景图较为复杂且画面主要以营造氛围为主,**并不需要强调配图时**,就可以使用这样的版式结构,所以可以专门留出一块空间将文字内容置于其中,以便清晰、完整地展示文字内容。

我们可以将端盘子式的版式结构概括为下图中的样子,即在复杂背景上放置一个色块或图形,再将文字放置在色块或图形上。

以下图为例,该图的背景比较复杂,但复杂的背景都是以表现气氛为主,并没有严格意义上的主图。所以我们可以在背景上放一个"盘子",再把文字放在"盘子"中,这样背景图片就能更好地烘托氛围,观者的主视线也会落在文字上。

下面这张海报的背景也占满了整个版面，没有给文字留出排版的空间，但背景中并没有体现出主产品图。所以可以直接在背景上放置一个矩形的色块，再将文字放置在色块上，让文字信息变得清晰和显眼。

这种端盘子式的版式结构在包装设计中也较为常用，尤其当背景是重复排列的图案或以表现氛围为主的插画时，就可以单独放置产品的主要信息，像为包装贴上了一个标签，可让观者快速关注到重点。

这种类型的版式结构也比较容易理解和掌握，重点在于标签上的文字排版。这里就需要结合使用前面讲解的排版知识，排版越精致、细节越丰富，整个版面就会越好看。这里列举了一些端盘子式的版式结构原型图，读者可以根据实际情况选择使用。

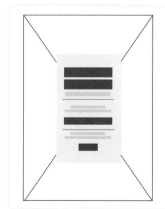
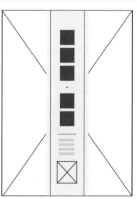

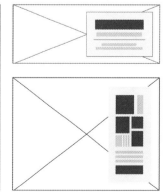

7.6 包围式

　　包围式与端盘子式的版式结构有一些共同之处，但是包围式侧重于图文的共同展示。**图和文同样重要**，在包围式的版式结构中，图文都能得到很好的展示。采用这种版式结构会使版面显得更加丰富，也会使观者的视线更集中。

　　我们可以将包围式的版式结构概括为下图中的样子。可以发现，不管是哪种样式，图片总是以文字作为中心进行围绕，可以在四周或四角围绕，也可以环形围绕，目的都是让观者的视线从图片开始向内汇聚，最终落在位于版面中心的文字上。

　　下面两张图就是比较有代表性的包围式的版式结构，二者虽然形式不同，但是视线的最终落点是一致的。

图片围绕能让版面变得更加丰富，并且版面中的元素都呈现向心的形式，有时还能传达出一定的压迫感，同时这种版式结构会让版面的信息传递效率变得更高。例如，在下面这些例子中，观者的目光沿着版面周围自然浏览一圈后就会对主题产生感性的认知，这样在看向版面中心的文字时就会清楚地知道版面要表达的内容了。

前面讲解包围式的版式结构时，配图都是由一个主题延伸出不同的元素，然后诸多元素组合在一起进行表达的。这些元素共同构成了一个完整的主题，各元素间的层级关系也是一致的。但还有一种情况，在下面的产品包装中，配图只使用了单一的元素来围绕文字，这样做的效果也是不错的。

下图是一套完整的包装展示图，左侧的两个袋子采用了上下式的版式结构，右侧的盒子采用了包围式的版式结构。举这个例子是想说明设计产品的包装时可以采用不同的版式结构。这样做的好处是可以充分利用版面，也可以增加一些视觉上的变化。

采用包围式的版式结构能使观者的视线高度集中在中心的文字区域，引导观者关注主题。如果设计主题可以被拆分成许多同层级的元素，那么就可以尝试采用包围式的版式结构，使用这种结构的难点在于摆放元素时要特别注意元素的大小和穿插关系，并保持画面的整体平衡。

这里列举了一些包围式的版式结构原型图，读者可以根据实际情况选择使用。

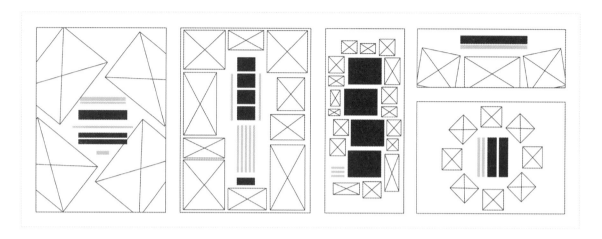

7.7 分格漫画式

在众多的版式结构中，有一种结构是分格漫画式。它将整个版面像漫画一样划分成许多格子，然后在格子里放置文字、图片或图形。这种版式结构的优点是自带对齐效果，因为格子可以作为一种参考线，在格子内部放置内容时可以直接依据格子来对齐。此外，"分格漫画式"的结构本身就具备"面"和"线"的元素，所以这是一种很出效果的版式结构。

我们可以将分格漫画式的版式结构概括为下图中的样子。

不同的格子中可以穿插放置主标题、副标题、图形和图片，但需要从整体考虑点、线、面的分布关系。也就是说，在设计时可以根据需要在版面中添加一些条纹或斑点等图案来**调节点、线、面的构成关系**。观察下面两张海报，部分格子使用了图案进行填充，它们就遵循了点、线、面的构成原理。

分格漫画式的版式结构应用在包装设计中也很合适，在不同的格子里放置不同的卖点可以营造出活泼和轻松的氛围。

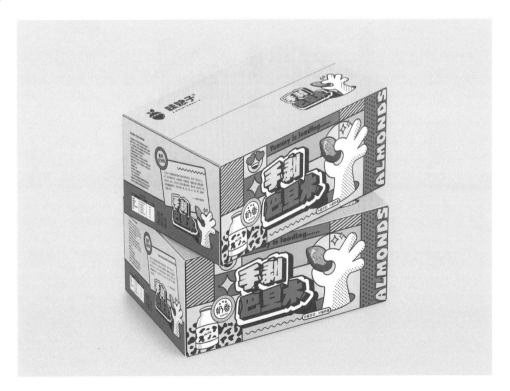

在品牌设计的主视觉中也可以使用分格漫画式的版式结构。这样可以在版面中集中地展示更多的元素，且文字与图形互不影响，整个版面显得活泼又有序。

分格漫画式的版式结构适合应用在受众为年轻人或创意型领域的设计中，以每个格子为单位摆放元素，再整体调整让版面达到平衡又不失丰富的细节。注意，格子内的图形也可以适当"破格"，以便增强版面的层次感并营造出活泼的氛围。

这里列举了一些分格漫画式的版式结构原型图，读者使用时务必遵循点、线、面的构成原理。

观察作业 回顾自己的素材库，从版式结构的角度去观察搜集的参考图，将每个作品依据上文提到的版式结构来重新分类，也许就会让你的设计思路变得更加清晰。

第 **8** 章

自己动手，发挥创意：
字体设计

前面的章节讲解了不同的字体特征需要对应不同的版面风格。
但在实际应用中，仅使用字库的字体来表现版面可能不够，有时
需要设计师自己设计字体来和版面内容进一步匹配。本章将介绍
字体设计的一些方法。

8.1 路径造字

路径造字是指利用矢量软件（如Illustrator）中的"钢笔工具" ✐.绘制路径的方式来制作字体。遵循的设计流程是**"选定基础字形和风格—绘制路径—装饰边角—排版"**。选定基础字形和风格这一点很好理解，前面介绍过不同的字体具有不同的风格，适用于不同的版面。路径造字比较基础且简单的方法就是像写字那样绘制出笔画的路径，将文字一个一个"写"出来。本节将介绍两个案例：一个案例使用的是较粗的笔画，看起来就像用刷子刷出来的，这种字体比较适合用在需要引起人们注意的标题中；另一个案例使用的是较细的笔画，字体会显得更轻松、活泼一些。

案例：爱宠乐园

本例以"爱宠乐园"这4个字为标题。这是一个宠物店的广告，想要给人一种可爱和可信赖的感觉，所以我们可以通过在方正的字形中添加一些可爱的圆角来增强这种感觉。按照下列步骤绘制出基本字形。

01 把字的路径一一创建出来，并注意保持每个笔画的宽度大致一致。这一步完成后，文字看起来有些粗糙，后面要进一步调整。

02 调整笔画。将适合对齐的笔画对齐，使倾斜笔画的倾斜角度尽量保持一致（注意观察撇和捺的角度）。为其增加一些小的装饰笔画，如横向笔画右端翘起的小角。

03 为了增加一些可爱的感觉，利用软件的"边角构件"为路径添加圆角是比较常用的设计手法。由于"爱"字的字形比较大，因此要把"爱"字拉长一些。因为是标题字，不需要每个字的大小保持一致，所以这种处理手法是可行的。

04 经过上一步调整可以看到，"爱"字下半部分的效果仍不够理想，所以可以对笔画进行连笔处理。同时为了配合"爱"字的调整，可以为"宠"字的部分笔画也添加一些圆角，并将"宠"字的点改成一个小的心形，以契合主题。

05 由于"爱"字比其他字多出了一部分，因此可以在其他字下面添加一些英文来平衡整体结构。

06 把做好的标题字放到版面中看一下整体效果，这里还为文字添加了描边，使版面看起来更和谐和统一。

使用路径造字的优势是方便调整，如调整笔画的角度、增加圆角或增加边角的装饰等。下面再介绍一个使用路径造字法来设计字体的例子，这个例子使用了较细的笔画，并搭配了圆角，与类似于"刷出来"的笔触不同，这个例子中的笔触更像"线"。因为这种字体的造型圆润多变，所以可以用在更活泼、更符合年轻人喜好的版面中。

案例：加油超省钱

本例的标题是"加油超省钱"，广告面向的群体主要为年轻人，所以要设计得活泼一些。这次使用另一种方式来起稿，以字库标准字的间架结构作为参考，并在其上绘制笔画。

01 使用字库里的字体输入文字后，降低文字的饱和度并将其锁定。使用"钢笔工具" 在其上绘制路径，注意路径线条的两端需要设置为圆头。

02 完成上一步后可以看出字体还是比较粗糙，并且笔画比较单调没有变化，所以要在笔画间增加一些断点来改善。此处修改的原则是如果该位置出现了十字形的交叉，就可以制作一些断点或修改调整，使字体不因为交叉笔画过多而显得复杂。注意，不要为了断开而断开，以免影响辨识度。

03 对边角进行调整，让字形看起来更加活泼、圆润，显得不那么方正。至于字的大小和比例暂时还不需要考虑，因为后面排版时还需要根据整体情况对其进行调整。

04 做完上一步的调整后，可以看出由于字形本身的特点，"加油"两字看起来较小，"省"字看起来比较大，因此在安排字体的排版结构时可以依据字形的特点来灵活处理。可以看到，"加"字左边的"力"为了给"超"字让出位置缩短了，"钱"字中"钅"为了补充"省"字的空缺做了拉长处理。这也是标题字与标准字不一样的地方，因为标题字不涉及拆分使用或是更改排版的情况，所以可以灵活处理。

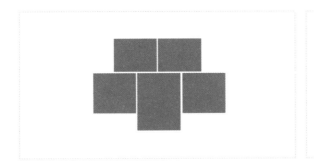

05 添加一些装饰，把"省"字和"钱"字的点替换成与"钱"相关的"铜钱"元素，再添加拼音使整体平衡。

06 把文字放到版面中，再根据版面情况做出描边效果，使其更符合版面的整体特征。

提示 在最开始勾出字体路径后，路径也许看起来会很别扭，但这时一定不要着急，慢慢调整就能呈现出自己想要的效果了。

8.2 矩形造字

　　矩形造字是指使用矩形作为基础笔画来制作字体。遵循的设计流程是"**选定基础字形和风格—使用矩形拼出字形—增加断点或连接—装饰边角—排版**"。矩形造字与上一节中"爱宠乐园"使用粗路径造字的方法有些类似,不同的是矩形调整起来难度更大,所以字形会相对硬朗一些,比较适合表达严肃或硬朗风格的主题。接下来以一个健身广告的字体制作为例进行讲解。

案例:美格健身

　　这里以一张健身广告为例,广告的标题是"美格健身",要求画面给人的感觉是硬朗和充满动感。

01 使用矩形拼出每个字,一些倾斜的笔画可以用边角稍微倾斜的矩形来表示,但总体来说字形是横平竖直的。

02 交叉较多的地方可以做一些断点处理,转折处可以调整为曲线,使整体看起来更平滑。

03 为了强化字体的特色,为字体增加边角装饰是比较常用的设计方法。这里为了突出硬朗的感觉,可以为文字增加一个小尖角作为装饰。

04 因为文字都处于一条水平线上,所以可以根据字形情况做一些上下调整,以增强跳跃感,并顺势连接相邻的笔画。

05 为了再给版面增加一些动感，可以对文字做整体倾斜的处理。

06 将文字放入版面中看一下整体的效果，可以发现这样的字体是与主题比较搭配的。

> **提示** 字体笔画间的连接是根据笔画特点来处理的，但是在连接时一定不要影响字体的辨识度，必要时可以简化掉因为相连而变得复杂的部分。

8.3 自定义笔画造字

前面介绍的方法都是先做出一个基本字形再进一步进行调整，等熟练之后可以直接利用矢量软件设计出相应的笔画，再使用这些做好的笔画进行拼字就可以了。遵循的设计流程是"**选定基础字形和风格—使用现有字形作为参考—定义笔画的特征—拼合、调整字形—排版**"。自定义笔画可以做出非常多的字体类型，本节介绍两个造字案例，一个是制作偏宋体类型的字体，另一个是制作偏书法类型的字体。

案例：逆风梦游

以"逆风梦游"这几个字为例，制作一张具有文艺范和梦幻感的海报。

01 分析"逆风梦游"这个主题的含义。"梦游"这两个字给人的感觉是非常轻盈和缥缈的，所以它的笔画可以纤细秀气一些，还可以对整体做一些倾斜，以体现出被风吹动的感觉。经过分析后，可以先找一个比较接近这种感觉的字体作为参考。

02 这一步就可以自定义一些基本的笔画了，如果不能做到一开始就全部定义好，可以先定义一部分，剩余的部分边做边调整，按照之前学的方法进行设计。

03 使用定义好的笔画拼合文字并进行调整。可以将一些笔画再延长一点，以加强被风吹动的感觉。

04 将文字放到版面中，并对部分笔画做高斯模糊处理，体现出"梦游"的不真实感。

从上面这个案例可以了解到，如果我们先根据文字内容设计好相应风格的笔画，就可以直接在参考字形的基础上进行字体设计了。

案例：多味郎

这个案例要设计的文字是"多味郎"，需要做出书法字的感觉，设计流程与上一个案例一样。

01 在现有的字库中选择比较符合书法特征的字体作为参考。

02 自定义笔画，这里的笔画需要具备书法笔画的特征。

03 将笔画按照字体的结构摆放，并调整到合适的位置，这里并不需要跟参考的字体完全一致，因为笔画特征不同。

04 将调整好的文字放入版面中进行排版，并放入包装中看看整体的效果。

提示 后面也会讲到关于书法笔画造字的内容，不同的是这里的字体是用在 Logo 上的，字形更规矩。如果是用在海报或包装的产品名称上的字体，则可以设计得更错落有致一些，这样会更具有表现力。

8.4 笔画替换造字

上一节介绍的自定义笔画造字较难的部分是设计笔画，本节介绍的笔画替换字法的难度则要低一些。遵循的设计流程是 **"选定基础字形和风格—依据参考定义笔画—拼合、调整字形—排版"**。需要注意的是，字体是按照一些共通的特点进行分类的，具备同一特点的字体才是同一类型的字体。所以如果想设计出某种类型的字体，可以参考该类型字体的共同特征，再定义想要设计的字体的笔画。本节将讲解如何利用手写英文字体的特点来进行中文造字。

案例：荔韬

以"荔韬"这个Logo为例，该品牌主要做进口贸易，为了将品牌的特点视觉化并传递给消费者，可以将Logo设计成欧式字体的风格。

01 搜索一款欧式风格的手写字体作为素材，这类字体的特征是手写感明显，线条柔和、流畅。注意要选择无版权问题的字体进行参考。

02 分析该字体的笔画特征，可以找到很多与中文笔画类似的笔画，以这些笔画为参照进行二次创作，制作出新的笔画。

ABCDEFGHIJL
abcdefghijl

03 这些提取出来的笔画是组成文字的关键元素，因此在设计笔画时要尽量贴合预设的风格。如果设计出的字体有隐形的、规则的框架，那字体看起来会更和谐，所以这里根据字体的走势、笔画的位置和形态为它定义了一个平行四边形的框架，某些笔画可以适当超出框架。下图中的蓝色部分对笔画的走势进行了夸张处理。

04 经过组合、调整和补充，新的字体就做好了，为文字加上边框就形成了完整的Logo。

05 将Logo放入版面中，效果如下。

本节介绍的这种造字方法在设计标题字时可以再随意一些，只要整体结构看起来合理即可。

8.5 书法笔画造字

国潮风的兴起使书法字体被广泛应用于各种设计中。但大部分设计师并没有书法基础，设计中用到的书法字体大多在正规书法体系之外，所以在设计时只要使字体看起来具有"书法感"就可以了。遵循的设计流程是"**选定笔刷种类和确定字体风格—模拟书法下笔规律写字—排版**"。在制作这种书法字体时，如果有书法基础就可以拿笔在纸上书写，再通过拍照或扫描将所写的文字导入计算机进行修改。下面介绍没有书法基础时利用软件自带的笔刷设计书法字体的方法。

案例：利用矢量软件设计书法字体

以"無界"这两个字为例来进行设计，并将其应用在一张文化主题的海报中。

01 在Illustrator中找到与书法字笔画类似的笔刷。

02 使用"画笔工具" ✎ 进行书写。此处应遵循书法的下笔规则，如撇和捺的笔画可以适当夸张。为了达到更好的效果，还可以配合使用"宽度工具" 〰 调整笔画的粗细，以模拟书法字体的走势。

03 将设计好的文字应用于海报中，可以发现，这样的字体非常适用于文化主题的海报。

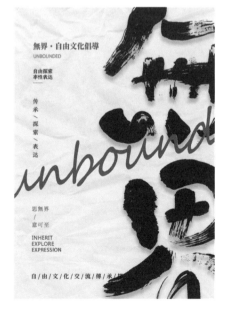

166

案例：利用手绘板/iPad设计书法字体

如果说在Illustrator里利用笔刷来造字的方法难以体现出下笔的轻重缓急，那么可以使用Photoshop在手绘板上或用Apple Pencil在iPad上来"书写"，但同样需要使用书法特征的笔刷。Photoshop中ABR格式的笔刷在iPad中也是可以用的，只需要使用一些笔锋不同的笔刷并控制好下笔的力度就可以写出具有书法特征的文字。

01 安装好书法特征的笔刷并预先书写出笔画，对比不同笔刷呈现出来的效果。注意在同一种字体中，可以使用不同的笔刷进行设计，以达到更好的效果。

02 设定笔画的特征。设计中应用的书法字体并不特别讲究章法和结构，更侧重于表现视觉效果。所以在书写时要注意笔画粗细的变化。例如，可以设定横的笔画粗一些、竖的笔画细一些、点稍微圆润一些、笔画错落有致一些。设定好这些特征后就可以写出下图中的"天津麻花"这几个字了，这种字体可以用在包装或海报中。

再来举一个例子，下图是袜子的包装，整体设计风格偏日式。在日本的设计中，这种书法类型的字体很常见，所以该包装同样利用了上述方法设计出一个具有书法特征的文字，以体现产品质朴的特点。

8.6 手写字设计

手写字相对前面介绍的几种字体来说更加自由，尤其是对于有手写字设计经验的设计师来说，出图效率很高。遵循的设计流程是"**选定基础字形和风格—书写出单字的字形骨架—根据想要的风格在字形骨架外描出笔画—排版**"。设计手写字时可以在纸上书写，然后拍照导入计算机，也可以使用Apple Pencil在iPad上书写。

案例：浓香豆浆粉

以"浓香豆浆粉"作为产品的包装名进行字体设计，设计要求是字体需要具备手写字的特征，同时要容易辨识。

01 因为最终的文字要放置在弧线形的卷轴上进行呈现，所以可以直接依据这个弧线形来书写文字。这里注意笔画的间距可以适当放宽，给后面描摹笔画留出空间。

02 在书写好的字形骨架的基础上描出完整的笔画。这里需要注意笔画的特征要保持一致，与前面设计其他字体时的方法一样，相同的笔画要尽量统一。

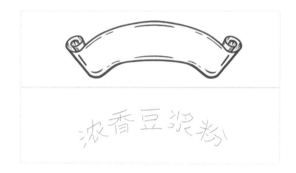

04 将文字添加到包装设计中，观察一下最终的排版效果。

03 将绘制好的文字导入矢量软件中，利用软件中的工具进行勾勒，然后将文字添加到卷轴中进行排版。

观察作业 平时可以注意观察海报或包装上的字体，观察这些字体是如何安排笔画间的关系和文字间的位置的，也可以专门学习一些字体设计的课程。

第 **9** 章

给关注找个理由：
在版面中运用对比

前面一直都在强调：设计的目的是吸引人们的目光、增加关注的时长和加快信息传播的效率。使用本章所讲的对比的方法可以更好地拉开版面层次、制造版面吸引力，并打造一个视线切入点。希望读者在学会本章的知识后能做出具有视觉冲击力的版面，让观者"第一眼"就能关注到自己的设计。

9.1 大小对比

只有明确了大小对比的意义才能有目的地使用大小对比，不要盲目地为了对比而对比。大小对比对我们来说其实并不陌生，前面讲的文字跳跃率和图片跳跃率（如利用文字的字号来拉开层级）等都属于大小对比的范畴。所以可以总结出：**大小对比的目的是通过比例的差异打破画面平衡，使画面更活泼、冲击力更强，并引起观者的好奇。**

观察下面两张照片，同样的元素使用了不同的比例来表现，画面具有不同的效果。

Q：上面哪张图中的圣女果看起来更大？

A：第1张图中的圣女果看起来更大。第2张图中，一只大手上放着一颗小小的圣女果，这样会显得手很大，果实很小。

Q：不同的图片分别给人什么感觉？

A：第1张图可以用来表现产品的质量，突出果实饱满；第2张图可以传达出一种果实来之不易的珍贵感。

因此，大小是相对的概念，某个物体在视觉上的大小取决于画面中其他元素的大小，我们可以将大小对比概括为下图中的样子。

前面讲解文字信息层级的知识点时介绍了不同的文字大小可以划分出不同的层级。例如，在下面这张图中，标题的字号＞副标题的字号＞其他文字的字号，这里的大小对比主要体现在字号的对比上。

下面的两个版面分别对图片和文字进行了放大，以突出不同的重点。第1张图将标题缩小并将主图放大，可以让人第一眼看到诱人的菜品。第2张图将菜品缩小并将标题放大，可以让人第一眼看到主标题。所以在实际设计中，可以根据版面要传达的信息来对元素进行放大。

还有另一种运用对比的方式，那就是改变人们对现实中物体的认知比例，通过"意外"来引起人们的好奇。例如，在下图中，对西瓜和人物的比例进行夸张处理，利用大小对比为画面制造出了趣味性，且让画面充满创意。

这组插画也运用了夸张的手法，利用了不同于现实中的大小对比来实现画面的创意。

下面是一组化妆品广告图，观察一下两个画面的不同之处。

Q：上面哪张图看起来更有表现力？

A：第2张图。第1张图中花与产品的大小较为接近，画面显得非常平静；第2张图中的花大于化妆品，超过了现实中的比例，画面显得生动且富有生命力。这种处理方式也运用了前面讲过的图片跳跃率的知识。

> **提示** 本节所讲的大小对比的知识点可以联系前面讲的点、线、面的内容来理解，如果一个画面中都是"大"的元素，即充满了"面"，那么会显得不精致，也没有主次之分。而具备大小对比的画面会同时拥有"面"和"点"，看起来更丰富。

9.2 特异构成

  特异构成是一种特殊的对比形式，所以单独用一节来讲述。特异构成是指画面中的大多数元素是相同的，形成了一种可识别的规律，其中有个别元素打破了这种规律。运用这种对比手法能制造出有**差异感**的画面，并吸引观者的视线。这个特异元素可以在大小、颜色、形状和含义上与其他元素区分开来。成语"鹤立鸡群"就可以理解为特异构成——一群鸡（相同的元素）中有一只鹤（特异元素）。

  下图就运用了特异构成的手法，在红色树莓中混入了一颗不同颜色的桑葚。

  我们可以将特异构成概括为下图中的样子。观察下面两张图时视线会集中在特异元素上，就像当一盘黄豆中混入一颗黑豆时，人们会一眼看到黑豆。所以利用特异构成的手法可以为画面制造一个视线切入点，使画面更生动。

　　下图就利用了改变颜色的方式制造特异元素，让人第一眼就注意到黄色的叶子，更好地表达了"一叶知秋"这个概念。

　　与上图通过改变单个元素的颜色来制造特异元素的方式不同，下图改变了多个元素的形态，使多个元素互相联系，形成一个完整的画面。

　　在下图中，特异元素与其他元素的基本造型是一致的，但是表达的含义、细节和颜色都不同，这样的反差能营造出一种强烈的情绪对比。

提示 这里的特异元素（不同形态的月亮）之间使用了细线进行连接，可以结合第6章讲的知识来理解，思考运用线条的意义是什么。

9.3 疏密对比

本节的疏密是指画面中元素的密度。在一定的范围内，元素越多、细节越多，看起来就越"密"，反之则越疏。在实际应用中，我们经常使用"留白"的手法来制造"疏"的效果。疏密对比的作用是使画面有一个观看的"入口"。

例如，在右图中，粉紫色的天空与被云霞包裹着的月亮相比，前者是细节更少、更空旷的部分，所以天空的留白较多，而月亮是被留白包围起来的重点，所以月亮是画面的视线切入点。

我们可以将疏密对比概括为下图中的样子。如果画面被元素铺得很满，观者就会觉得没有视线切入点，逐一扫视画面时会觉得很累且抓不住重点。如果画面中有留白，就能迅速传达出重点。可以想象一下，在一个闹市中，如果人们突然围住一片空地，那是不是意味着空地上将要发生如杂耍这样引人注意的事呢？因此，画面中**真正吸引目光的既不是"密"的部分，也不是"疏"的部分，而是被留白包围的部分。**

观察下面这张图，图中黄色的沙漠是画面中相对"密"的部分，白色的天空是画面中相对"疏"的部分，而真正让观者关注到的是被留白所包围的文字。

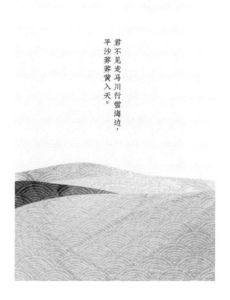

君不见走马川行雪海边，
平沙莽莽黄入天。

有了这个结论，我们就可以有针对性地修改画面了。右图中的元素排列得很密集，虽然一些重要信息的字号比较大，但是观者在获取信息时依然会觉得很累。

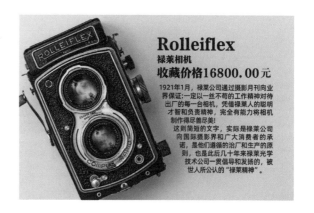

对文字的排版方式进行修改，在想要重点突出的文案周围留出足够的空白。修改后，价格部分的字号和字重都比原来小了，但是观者获取信息的效率却变高了。这就是疏密对比带来的好处，也是一种运用留白的方式。

回想第7章所讲的与版式有关的内容，可以发现很多版式也是通过制造疏密对比来突出重点信息的。下面介绍几种常见的制造疏密对比的方法，读者可以联系前面所讲的版式内容进行举一反三。

Q：上面哪张图中的文字看起来更清晰？

A：第2张图。在第1张图中，背景的颜色非常丰富，画面细节也很多，没有一块相对"疏"的区域，所以放上文字后画面显得非常杂乱。而第2张图为文字留出了一块空白区域，画面就会显得疏密得当并充满秩序感，文案看起来也更清楚了。

> 提示 结合第 7 章所讲的向前一步走式的版式结构来理解上面第 2 张图的处理方式，将人物置于色块与背景的分界线上，拉开了人物与背景的层次，并使色块与背景的衔接变得更加自然。

再来看一个例子。下图是一张背景素材，整个画面中的元素是满版排布的，如果想要制造疏密对比的效果并添加文案，可以通过哪些方式来实现呢？

一种方式是使用Photoshop去掉画面中的部分图案，腾出一块纯色区域来放置文案。另一种方式是改变画面尺寸，添加一块白色的色块来制造出疏密对比效果，将文案放置在色块上。下面两张图是分别使用两种方式制作出的效果。

从上面的例子中可以发现，留白并不是指画面中要有一块白色区域，而是画面中要有"疏"的部分。

9.4 虚实对比

第5章中介绍过图片虚化的处理方法，即利用虚化效果来模拟人眼的对焦功能，为画面制造出纵深感。在设计时，同样可以利用这一方法，对某些元素进行模糊处理，让画面形成虚实对比的效果，从而使想要突出的元素变得更加明显。

例如，在下图中，画面的前后部分被虚化处理了，观者的目光会第一时间聚焦到书中夹着的花上，画面具有很强的空间感。

我们可以将虚实对比概括为下图中的样子，这部分内容在第5章也讲过，可以联系起来理解。

在设计产品海报时，也可以通过虚化产品前后的对象使产品更突出，并营造出一定的空间感，同时这样的版面也能产生一定的神秘感。

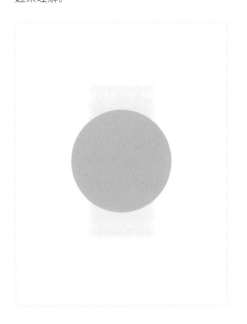

下面的这两张海报也使用了同样的方法，部分元素被虚化处理，主要的元素更突出，整个画面具有强烈的纵深感。

下图运用了虚实对比中比较常见的"毛玻璃"效果，对被"毛玻璃"遮盖住的图形进行模糊处理，给人一种通透又模糊的感觉。

除了利用图形来制造虚实对比，还可以利用背景与文字的关系来构建虚实对比。下图将虚化的背景与半虚化的文字相结合，营造出了一种既真实又虚幻的科技感。

虚实对比比较容易理解和掌握，后面讲"动静对比"时会再次用到此方法。

提示　不同程度的模糊可以表现出不同元素的远近关系，模糊程度越高，令人感觉越远。因此，可以对元素交错使用不同程度的模糊来表现空间关系。

9.5 质感对比

在平面设计中，经常通过光影关系表现材质的凹凸感或模拟物体的质感，目的是通过真实的质感带给人们真实的感受，并使物体在画面中有更多细节，进而增加耐看性，体现出画面的层次关系。

生活中有各种各样的材质，如腻子质感的墙面、粗糙和细腻的纸纹，运用不同的材质会使画面的细节更丰富。制造材质的方法有很多，如可以通过改变图层混合模式将素材纹理叠加在画面上。右侧列举了一些生活中常见的材质，读者平时可以搜集不同的材质备用。

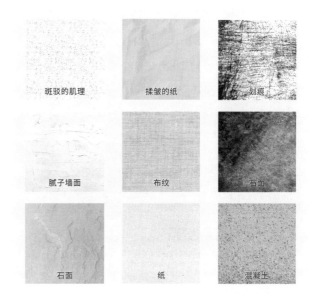

斑驳的肌理　揉皱的纸　划痕

腻子墙面　布纹　石面

石面　纸　混凝土

> **提示** 在调整图层的混合模式叠加材质时，具体使用哪种混合模式不是固定的，可以多尝试。比较常用的图层混合模式是"正片叠底"和"叠加"。如果材质本身的颜色较深，叠加后影响了原图的颜色，可以单独调节材质图片的亮度和色阶等。

除了利用现成的材质素材，还可以利用设计软件中自带的"滤镜库"来制作肌理效果。下面列举了一些用Photoshop中的滤镜制作出的肌理效果。

我们可以将质感对比概括为下图中的样子。

颗粒　染色玻璃　影印

绘画笔　半调图案　海洋玻璃

> **提示** 在使用 Photoshop 中的"滤镜库"时，文件的颜色模式要设为 RGB 模式。

不管使用哪种方法来制作肌理效果，目的都是改变对象的质感。请读者对比下面两张图的效果。

Q：上面哪张图看起来更有质感？
A：第2张图。叠加了纸质纹理后，画面显得更复古、更真实。

下图是利用质感进行对比的另一种形式，将具有不同质感的元素（如大理石质感的墙面、植物、石膏质感的雕像和卡纸）进行拼贴，制造出了一种质感的碰撞，使画面充满层次感和趣味性。

除了上面讲的这些叠加质感的方式，还可以在画面中大胆地使用其他材质，如玻璃、木石和油漆等。例如，下图中铝箔质感的气球，其仿真的材质与平面元素形成对比，产生了强烈的视觉效果，使画面的立体感更强，格外吸引人。

9.6 色彩饱和度对比

画面中的两种颜色如果饱和度差异比较大，人们会优先注意到饱和度更高的颜色，饱和度越高，颜色越鲜艳。即使这两种颜色互相叠加，也不会影响各自的辨识度。利用这个原理，我们可以在画面中使用**饱和度相差比较大**的两种颜色来进行对比，突出我们想突出的部分，为画面营造出一定的情绪和氛围感。

例如，在下面这张照片中，黑暗的夜空中矗立着一座散发着黄色灯光的铁塔，因为夜空与铁塔的颜色饱和度差别很大，所以人们会优先注意到颜色饱和度更高、看起来更明亮的铁塔。

我们可以将色彩饱和度对比概括为下图中的样子。这种对比方法就是使用一种饱和度较低、较灰的颜色来搭配另一种饱和度较高、更纯的颜色。

这里列出一个色板供读者参考使用，每个条形色块右边的颜色的饱和度都更高，可以用来表现需要人们第一眼注意到的内容，左边饱和度较低的颜色可以用来表现花纹和图案等能丰富画面的内容。

以下图为例，画面中只使用了两种颜色，即低饱和度的灰色和高饱和度的蓝色，营造出了艺术氛围感。结合上一节讲的质感相关的知识，在灰色部分增加一些质感，使画面既充满内敛的感觉，又充满先锋感。

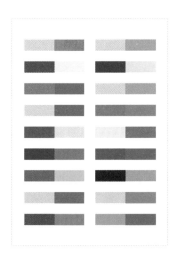

以下面两张图为例，插画部分使用低饱和度的颜色，标题部分使用高饱和度的颜色，这样两种颜色相互叠加时也没有影响各自的效果。

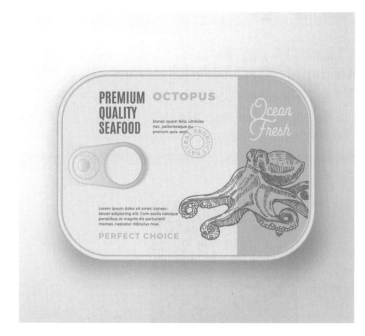

主体图形和背景部分还可以分别使用不同饱和度的颜色形成对比，为画面增添时尚感。

9.7 动静对比

在**平静的画面中加入动态的元素**能让画面变得活泼。就像摄影时一瞬间的抓拍，能锁定某一个生动的瞬间。

例如，在右侧的两张照片中，栖息在植物上的蝴蝶和缓缓滑动的小船都为画面增添了一些微妙的动感，使画面给人一种"静中有动"的感觉。

由于动态的物体在人们潜意识里更具危险性，因此静态环境下的动态物体会更吸引人的目光。利用这个原理就可以在画面中制造动态的元素，以吸引人们的注意。我们可以将动静对比概括为下图中的样子。

对比下面两张图，思考不同的画面带来的不同效果。

Q：上面哪张图看起来更吸引人？

A：第2张图。在牛奶后面添加动态的液体元素为画面增加了动感，表现出了牛奶泼出的一瞬间，既吸引人又给人一种充满活力的感觉。

还有一种设计方法也比较常用，结合前面讲的虚实对比的知识，在画面的焦点之外额外增加一些**飞落的元素**，可以制作出动态的效果。对这些动态元素进行"径向模糊"处理，会使画面形成虚实对比的效果，同时起到一定的引导视线的作用。观察下面的对比图。

Q：第2张图在设计时运用了哪些巧思？

A：对杯子、叶子和咖啡豆的摆放位置进行了调整，使画面呈现出一瞬间的抓拍感，更好地表达出了主题。

利用这个思路，在设计产品海报时可以使产品相关成分或元素呈纷飞的状态，并将产品倾斜摆放，这样画面会显得非常生动。

还有一种制造动静对比的方法是将画面中原本静态的对象直接替换成动态的对象，利用对象本身的姿态来营造动态效果。例如，在下面这个例子中，奔跑的兔子比静卧的兔子更生动，更贴合画面想表达的主题。因此，在绘制插画时，可以根据主题将元素绘制成动态的，让画面更吸引人。

观察作业 搜集并观察优秀的设计作品和插画作品，找出其中运用的对比手法，思考这些作品是如何表现的。

第 **10** 章

感觉差点意思：
为画面增加设计感

本章讲解的内容属于为版式设计锦上添花的技巧和方法。适当运用这些技巧和方法可以使画面的可看性更强、细节更丰富，画面的空间感和层次感也会更强，但是读者一定不要被这些技巧和方法束缚住。随着设计的发展，增强画面设计感的方法也在不断更新，所以把重心放在理解原理上即可。

10.1 增强空间感的方法

在"平面"中常常会通过增强空间感的方法使画面看起来不呆板，其中**模拟人眼观察物体的规律、利用投影和透视来构造空间**是比较常用的方法。空间的延伸能让画面更富有变化，也能给观者更多的想象空间。

10.1.1 投影法

投影是画面中很容易被忽略但又很重要的元素，有了投影，空间才能成立，不同位置的投影还能构造出不同的空间效果。我们可以将投影概括为右图中的样子。

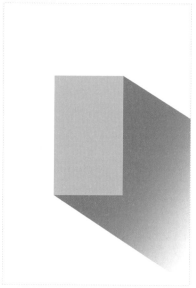

以右图为例，如果将物体直接置于画面中，不设置任何投影，就会让人感觉物体很"假"，不够真实。

在物体后方添加投影后，物体与背景之间就产生了互动，空间关系立马就变得明确了。

从上图的投影可以看出，物体是直立在画面中的，光从物体的右前方投射过来，同时也能确定地面的位置和地面的延伸范围。由此可以看出，**投影的位置和角度决定了物体与空间的关系**。添加投影可以确定光源位置及物体的摆放位置，所以不同形式的投影可以营造出不同的空间效果。例如，下图中将投影置于物体下方，给人一种物体悬空的感觉。

如果将投影置于物体后方，就会让人感觉物体是平放在地面上的。

由此可以看出，对于同样的物体，改变其投影的方向可以营造出不同的空间效果。以上呈现的都是物体与平面之间的关系。同理，物体与物体之间的关系也可以通过投影来表达。在右侧这两张图中，第1张图是未添加投影的效果，虽然可以看出两个物体是相互叠压的关系，但是看起来并不真实，且无法判断物体之间的距离。第2张图添加了投影，可以确定物体是被平放在地面上的，且很真实、立体。

利用投影的虚实和距离关系来表现物体的位置关系是设计中很常用的方法，综合应用前面提到的几种投影方式，就可以打破"平面"的限制，营造出生动且具有空间感的画面。

虽然投影可以增强画面的空间感，但是这并不意味着设计中的所有元素都一定要添加投影，要灵活运用。例如，可以只对某些图层添加投影来制作多层次的立体效果。在右侧这个例子中，兔子身上添加渐变投影后就呈现出了立体效果，前后腿的关系也更清晰了，而中间的花形图案添加投影之后也从平面效果变成了镂空的卡片效果。

投影可以表现出物体的前后遮挡关系。在右侧这个例子中，为英文字母部分添加渐变投影后，平面的图形便具有了空间透视关系。

除了给物体添加投影外，还可以额外添加空间部分的投影来为画面营造氛围感，如添加窗户和树叶等的投影。下面第2张图就在第1张图的基础上添加了窗户和树叶的投影，可以看出整个画面的光影感和氛围感都变得更强烈了。

除了以上模拟真实投影的形式，还有一种**用矢量图形**制作投影的形式，即用矢量图形代替真实的投影效果。这种形式的投影不需要拘泥于颜色和纹理，只需要在**位置**和**形状**上与主体相关即可。以下图为例，两张图中投影的形式都与主体有一定的关联性，投影以线条、色块或点状的纹理形式出现，营造出了立体感。

> **提示** 投影的虚实关系可以表现出光线的强弱。当投影较为模糊时，表示当前的光线比较柔和；当投影较为清晰时，表示当前的光线比较充足。投影的颜色也不是只有灰色一种，投影使用深于物体表面的颜色会显得更加自然。例如，当一个物体被放置在浅蓝色的背景下时，它的投影使用比浅蓝色深一点的蓝色效果会比较好。

10.1.2 透视法

透视是人眼在观察物体时产生的一种效果，简单理解就是**近大远小**，人眼看到的所有空间内的物体都存在透视关系。根据这个原理，可以在平面上模拟出透视效果，制作出空间感。我们可以简单地将透视法概括为右图中的样子，对空间背景的模拟和对物体本身的透视变形可实现透视效果。

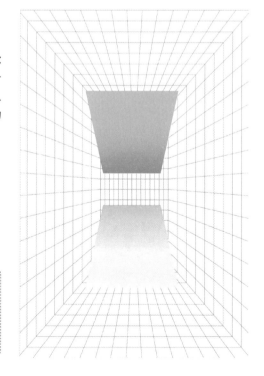

> **提示** 物体的透视效果在软件中很容易呈现，在 Photoshop 中选择物体所在的图层，按快捷键 Ctrl ＋ T 并单击鼠标右键，在弹出的菜单命令中选择"透视"命令；在 Illustrator 中选中对象，选择"自由变换工具"中的"透视扭曲"，即可拉伸出透视效果。具体方法是将物体的一侧向外拉伸扩大，将另一侧向内缩小，但要注意如果物体有投影，投影也要表现出透视关系。

以下图为例，这个例子在讲解投影法时已经使用过了，不同的是之前只为平面的字添加了投影效果。而此处对每一行字依次添加了透视关系并进行了变形处理，再添加上阴影，就表现出了翻页的效果。

上面是比较简单的制作透视效果的方法，即直接对物体本身进行透视变形处理。除了这种方法，还可以通过改变背景制作出空间感来增强画面的透视效果。在下面的例子中，添加具有向内延伸感的网格后，画面从平面变成了具有立体感的空间。

在表现立体的背景时，除了使用上述的网格，还可以通过**模拟符合透视关系的场景**使物体看起来被置于真实的空间中。右侧第1张图使用了上一小节提到的制作投影的方法，添加投影后，物体具有了一定的空间感。第2张图和第3张图利用了模拟场景的方法，绘制了墙角和台阶，物体的空间位置变得更加具体。

标题字的设计也可以运用空间透视的思路，使字体倾斜后，为其添加厚度使其呈现3D效果。另外需要注意的是，对于矢量字体，这里也使用了矢量的投影，如"请往这里看！"后面的黄色投影和白色色块后面的斜线投影。这和上一小节介绍的内容是一致的，矢量投影可以忽略颜色、纹理，只要位置和形状与主体相关，观者依然会将其认定为投影。将**透视法与投影法叠加使用**，能更好地增强画面的空间感。

10.2 打造层次感的方法

前面介绍了增强空间感的方法，但有时画面中并不需要很强的空间感。为了不让画面显得过于平庸，可以采用**叠压法**和**穿插法**来拉开元素之间的距离，表现出层次感。

10.2.1 叠压法

叠压法指的是使画面中的元素**互相覆盖交叉**的方法，这是设计中比较常见的一种方法，本小节将分析使用叠压法的理论依据。其实前面讲解的端盘子式和向前一步走式的版式结构已经涉及了叠压的方法，即把主图置于两个图形交界的位置，形成层次感，达到突出主图的目的。但这只是叠压的方式之一，本小节还将介绍叠压的其他用法和形式。

我们可以将叠压法概括为右图中的样子，叠压的一个作用是形成空间层次感，另一个作用是连接画面中分散的"点"，从而形成"面"，这样画面中就有了主次对比。

接下来通过右侧两张图来感受一下叠压是如何在"不经意间"改变画面细节的。可以发现这两张图只有一些很细微的差别，第1张图最上面的两颗橘子产生了重叠，明显比第2张图看起来更具美感。

通过下面的示意图来看看这一点重叠改变了什么，可以看出，两个物体重叠后，在视觉上它们就不再是分散的个体，而形成了一个整体。这样画面中就有了"面"元素，使视线有了切入点。再看下面第2张图，元素大小均等且散落分布，导致视觉动线比较混乱，所以看起来缺乏一些构图美感。

利用叠压法还可以使画面的层次更丰富。在下面第2张图中，在鹅的身后添加了一个色块，构建出了一条交界线，色块与鹅之间产生了叠压关系，画面层次变得更加丰富。

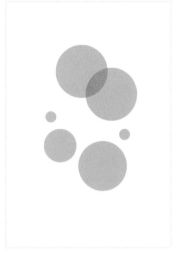
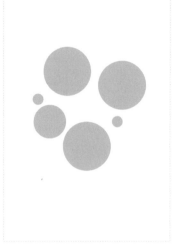

不使用叠压法的画面就不够好看了吗？并不是。我们要明确叠压改变了什么，叠压能为画面增加对比，增加对比后就能使画面变得更强烈和活泼，所以叠压更适用于想要"打破"平静感的画面。

通过上面的讲解可知，运用叠压法能增强画面的空间感和层次感。接下来介绍叠压法的具体应用。在下面的对比图中，第2张图和第3张图分别运用了图形叠压和文字叠压的方式，画面中原本分割的元素聚合在一起，形成一个整体。在情绪的表达上，第1张图显得更加平静、拘谨；第2张图中在平静中带有一些强调的语气；第3张图放大了手写字，传达出更强烈的情绪。

提示 设计技法没有对错之分，只是要看否运用在了合适的地方，以及是否对应了合适的主题。

还是使用上面的例子，继续扩展一下，试着对比分析两个画面的不同之处。

Q：哪张图的图文位置更合理？

A：第2张图。第2张图的文字与图片产生了互动，四周的留白也更加整体，更好地区分出了主体和其他元素。而第1张图的文字与图片都是平铺的，各自散落，使得留白部分也被分割得很细碎，没有规律。

从上面的例子中可以看出，元素与元素之间可以使用手写字进行连接，因为手写字足够细，不会影响人们对层级的判断。并且由于手写字的辨识度不是很高，所以它在画面中更像是一种装饰性的图案。再者，由于字体非常纤细，还能在画面中起到"线"的作用。再来看右侧这个例子。

Q：上面哪张图更具整体性？

A：第2张图。第2张图就是简单地将手写英文放大，用手写英文连接主标题、副标题和图片，画面就变得更具吸引力了，因为手写英文连接了画面的"主体"部分，增强了画面的整体感，所以视觉吸引力也增强了。

还有一种方法是利用图形将主体元素连接在一起，这种方法在第5章讲解色块时提到过。对比右侧两张图，可以发现第1张图的两个文字是分开的，两个文字的比重为1：1，而第2张图通过色块将两个字连起来了。

Q：哪张图给人的视觉吸引力更强？

A：第2张图。图中使用了色块将文字连接起来，文字和色块共同组成了画面中最大的主体，与其他元素形成了强烈的层级对比。

除了前面提到的利用文字和色块来制作叠压效果的方式，还可以直接使**主体元素交叉**来产生叠压效果。例如，右侧这个例子，虽然两张图的区别很小，但是视觉效果却相差很大。第1张图总感觉哪里不对，而对比第2张图可以发现，第2张图仅仅放大了一点主体的尺寸，使其与标题产生了叠压效果。但就是这一点叠压效果使画面产生了丰富的层次关系，将主体插画"推"到了画面的最前面。

在下面这个例子中，使主图叠压在了主标题上，这样画面的层次变得更加清晰。

叠压法也解释了为什么设计师喜欢在画面中放一些"莫名其妙"的装饰元素，如一个圆点、一条线或一圈环绕的文字等，这些装饰元素除了能增加"线"或"点"元素，还能将画面中的散点元素连接在一起，汇集观者的视线。

再来看右侧的两张图，可以发现，第1张图中的所有元素都平铺在画面中。而第2张图调整元素尺寸后，将背景文字、月亮、月饼和兔子组合在一起，将主标题和英文叠压在一起，将月饼的层级提到了最前面，画面从单一的1层变成了4层，层级变得更加丰富，并且**叠压相连本身就存在一种指引关系，引导观者的视线从一处移向另一处**。

10.2.2 穿插法

穿插法是从叠压法演变而来的，两者差别不大，很好理解。如果说叠压法是一种将两个物体互相叠搭的设计方法，那穿插法就是一种**将主体放置在中间层，在主体前后搭配相关元素**，使主体更加突出的设计方法。我们可以将穿插法概括为下图中的样子。

下面通过一个例子来分析一下叠压法与穿插法的区别。下面3张图依次体现了元素不叠压、元素叠压和元素叠压并穿插3种状态，虽然3张图的区别很小，但是画面给人的感觉差别还是很大的。第3张图中通过一个小标签制造出了穿插的效果，在主体之上又添加了一个层次，并且小标签并不会影响主体的辨识度，反而使画面层次更丰富。

> **提示** 并不是所有的画面都要使用穿插效果，穿插法并不能取代叠压法，需要根据实际的设计需求灵活使用穿插法。

还有一种穿插效果，以右侧的图为例，字母组成了圆环并"套"在主体上，制造出了空间感，使画面层次更加丰富。

还有一种情况是**将文字放在图片中间**。以右图为例，文字放置在色块上，色块与图片形成了穿插关系，这样既不会因为遮挡住关键部分而破坏图片的完整性，又能产生一种互相掩映的趣味。再配合第9章介绍的利用虚实对比制造景深的方法，画面中的层次感和空间感就变得更强了。

　　在包装设计中也常常使用这样的方法，尤其当包装上使用了插画时，使用穿插法可以让插画在不喧宾夺主的前提下得到很好的展示。下面的两个包装都采用了穿插法，将插画一前一后与产品名进行穿插叠压，很好地突出了产品名。

　　下图是对穿插法的综合应用，在多个细节处使用了穿插法和叠压法，营造出了丰富的层次。这样的画面效果也呼应了主题，更好地体现了交错感。

观察作业 思考上图哪些地方使用了穿插法。

10.3 制造延伸感的方法：破图而出法

破图而出法指的是故意隐藏画面中的一部分内容，使观者联想出这部分内容，以此来制造延伸感和层次感的方法。

我们可以将破图而出法概括为右图中的样子。

有两种方法可以在画面中制造延伸感。第1种方法是通过构造一个小图形，使物体的一部分隐藏在图形内，使其他部分延伸到图形外。第2种方法是使物体直接延伸出画面，突破当前的画布局限。

下面通过一组对比图来分析这两种方法的区别。第1张图将图形垫在了椅子下面；第2张图利用图形将一条椅子腿隐藏了起来，制造出椅子从洞中穿出的空间感；第3张图的背景使用了英文装饰，并且使英文在不影响辨识的情况下突破了画面的边界。

再来看下面这张图。为了在画面中展示一个较大的图像，下图利用了上述方法将图像的一部分藏起来，反而使图像看起来更有气势。

在制作人物海报时也常使用破图而出法，如果人物图片是半身像，就可以通过一个色块营造出空间感，使观者联想出人物的下半身。

继续看下面的例子，第1张图使用了叠压法，第2张图使用了破图而出法。将这两张图进行对比并不是想说明哪种方法好、哪种方法不好，两者的效果都很好，在实际应用时可以根据画面的主题和素材情况来决定使用哪一种方法。不过在这个例子中，第2张图的花朵从窗户里延伸到了窗外，产生了一种特别的意趣，更符合当前的主题。

提示 使用文字进行突破时要考虑出血问题，也就是说如果印刷时需要裁掉3mm的纸张，在设计时就需要充分考虑裁切后是否会影响文字的辨识。

以下面两张图为例，对比分析应用叠压法与破图而出法的效果。在第2张图中，人物的手肘部分超出了矩形框，文字部分超出了画面边界。在当前主题下，这种突破延伸的感觉更能传达出不受约束和不断进取的精神。

观察作业 搜集相关图片，观察图中运用了哪些增强设计感的方法，思考能否再强化一下当前画面的设计感。

第 **11** 章

融会贯通：
设计实战环节

　　通过前面的讲解，相信读者对版式设计的原理和技巧都有了
一定的认知。本章将综合运用版式设计的知识进行实战演示，并
按照"视觉之外—案例解析—举一反三"的流程进行讲解，帮助读
者把前面的内容更好地串联起来。

11.1 海报设计

海报是一种比较常见的设计物料，可以说是设计师一入门就会接触到的设计类型。本节将详细讲解海报的设计。

11.1.1 视觉之外：海报设计规范

海报依据用途可以分为线上海报和线下海报，不同的用途对应不同的展示平台，也对应不同的画布设置。这里列出了一个表格，方便读者对比查看。

- **画布设置**

分类	常用尺寸（宽×高）	分辨率（像素/英寸）	颜色模式	常见材质	工艺
线上移动端海报	1440px×2560px	72	RGB	—	—
线上PC端海报	1200px×1440px	72	RGB	—	—
线下手持海报	210mm×285mm 140mm×203mm	300	CMYK	铜版纸	印刷
线下大幅海报	70cm×100cm 80cm×120cm	150	CMYK	写真布	喷绘

> **提示** 这里有几个容易被忽略的点需要注意：第 1 点是移动端海报的尺寸，对应的是常见的分辨率为 2k 的智能手机的尺寸，设计时不需要再将尺寸放大，否则不仅会增加文件的大小，也会降低打开的速度，可以直接按比例缩小尺寸，最终呈现的视觉效果不会比缩小前差很多；第 2 点是 PC 端的海报高度应该是计算机一屏的高度，宽度为网页的安全显示区域；第 3 点是海报从 RGB 模式转 CMYK 模式时会"丢失"大量的颜色，所以如果是需要线下印刷的物料，则在开始设计时就设置成 CMYK 模式，如果需要线上发布海报，可以再额外转一份 RGB 模式的文件；第 4 点是只有用于印刷的海报设计才需要预留出血。

- **设计流程**

海报的设计流程可总结为下图。

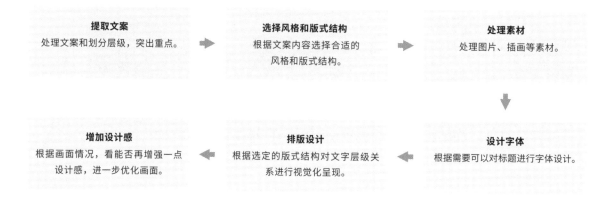

204

11.1.2 案例解析：银河游戏海报设计

本小节用一个案例来说明一下海报设计的全过程。海报的文案：银河游戏、电竞之王限定专场、5月21日21：00~23：00、2068银河工作室。按照第3章给出的活动海报文案框架，梳理一下文案。

活动主题	主标题	银河游戏
活动内容	副标题	电竞之王限定专场
活动细则	文字介绍	—
时间地点	相关信息	5月21日21：00~23：00
二维码等	确保正确	—
主办方	主办方名和联系电话等	2068银河工作室
相关素材	Logo和图片等	标志性贴纸和插画（如右图）

以上这些内容明显不够，因此可以在设计过程中根据画面的实际情况补充一些其他的文案，如英文等。分析这个项目的特点，采用现代和科技的风格来设计海报，又因为主题为银河游戏，所以还可以加入与宇宙相关的元素。版式结构上并没有很大的限制，这里采用包围式。配色采用单色加亮色的方式，让画面变得更有特点。

01 先做好版式结构图，然后将素材图片和文案排进去。

> **提示** 在制作版式结构图时，可以参考本书提供的版式结构原型图，熟练之后可以在脑海中进行想象和构建，并不需要实际做出来。

02 为标题增添一些设计感，如修改原来的笔画，将其中的两个点改为与银河相关的元素（如星星），再为文字添加描边的效果，营造出发光的电路科技感，并呈现出做旧的质感。

03 将文案按照层级进行排版，将重要的文字内容放大并加粗，在空白的区域加入一些装饰性的文案或图标，丰富画面。

04 到这一步海报已经基本完成了，看一下是否还可以强化一下设计感。运用前面所学的知识，可以给宇航猫插画画一圈"星环"，一来可以凸显宇宙的效果，二来使用穿插法可以增强空间感。还可以将插画部分放大，叠压一部分左侧的图形，将插画与四周的元素联系起来，这样可使插画在画面中显得比较靠前。最后为画面添加一些小星星，增加画面中的"点"元素。这样整个海报就设计好了。

11.1.3 举一反三：换个版式

前面这个案例对版式结构并没有什么限制，所以本小节应用其他版式结构来表现。

· 版式1：上下式

当主题文字与主图呈上下式排列时，就可以在底部额外添加一个色块用来排文案，并且使主图与色块产生一些叠压，增强画面的层次感。

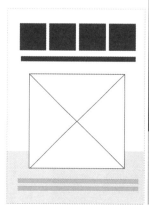

- **版式2：左右式**

　　右图其实不算严格的左右式的版式结构，严格的左右式的版式结构应该将标题也放在左侧，这个版面更接近包围式的版式结构。因为主图较宽，如果严格按照左右式排版就会显得左右失衡。这里背景改用了射线，可以增加主图的聚拢效果。

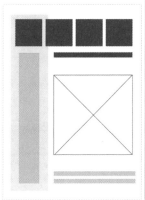

- **版式3：对称压四角式**

　　对称压四角式属于对称式版式结构的一种，适用于主标题为4个字的版面，这里的主标题刚好是4个字。为了使阅读顺序不混淆，在"银"和"河"之间绘制一个箭头，这样观者在看到"游戏"二字时就可以按逻辑读出来了。这里背景使用了空间网格的形式，使画面更具空间感并充满想象力。

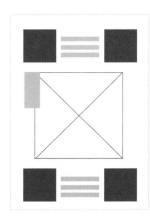

对同一主题做多种版式结构的训练对排版技能的提升很有帮助。在运用这种方式进行练习时，可以在更改版式结构的过程中思考并对比不同版式结构的特点，等遇到真实的项目时就能更加快速地做出合适的版式结构。试着对比一下，思考下面这4种版式哪种更适合此次活动？

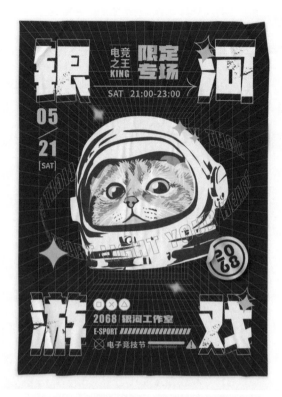
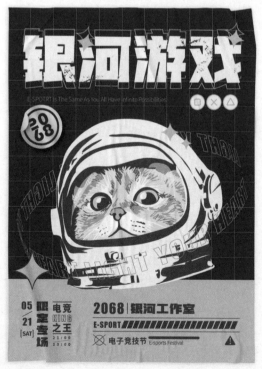

11.2 画册设计

画册设计是平面设计中对设计技能和沟通技能要求都比较高的一类设计项目。在设计画册时，除了需要设计师具有一定的设计功底，在设计之外也要注意很多事项。

11.2.1 视觉之外：画册设计规范

在设计之前需要先了解画册的装订工艺，因为这决定着版心和页数（P数）。比较常见的画册装订工艺有胶装、骑马钉和锁线胶装。

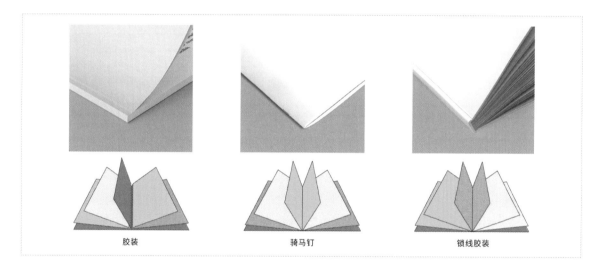

| 胶装 | 骑马钉 | 锁线胶装 |

这三者的区别总结如下表，对比来看会更加清晰。

装订类别	可否摊平	订口设计	P数限制	总页数建议
胶装	不可摊平	根据厚度额外预留	2的倍数	32P以内
骑马钉	可摊平	正常设计	4的倍数	32~100P
锁线胶装	可摊平	正常设计	4的倍数	28P以上

将表格与上面的示意图结合起来看，普通的胶装书是不可摊平的，有一部分订口的位置会被装订起来，所以在设计时一定要多加注意，文字或者重要的图片太靠近订口处会影响阅读；而采用骑马钉和锁线胶装来装订的书都可以摊平，订口部分正常处理就可以了。再来看上图中的彩色部分，胶装书是按单页来装订的，骑马钉和锁线胶装装订的书都是按对页来装订的，所以胶装书的P数（单面为1P）为2的倍数，而用骑马钉和锁线胶装装订的书的P数都必须是4的倍数。

> **提示** 假设在设计时规划出的页数是 25P，如果使用胶装的装订方式，就需要减掉 1P 变成 24P，或者增加 1P 变成 26P；如果是采用骑马钉和锁线胶装的装订方式，就需要减掉 1P 变成 24P，或者增加 3P 变成 28P。

了解了上述内容后就可以设置画布了。这里只介绍尺寸、颜色模式和印刷材质的相关设置，因为版面的设置在第2章已经进行了非常详细的介绍。

· **画布设置**

成品尺寸	大16开 (210mm×285mm)	大16开 (285mm×210mm)	方形 (210mm×210mm)	方形 (285mm×285mm)
设计尺寸 （含出血）	426mm×291mm	576mm×216mm	426mm×216mm	576mm×291mm
常用纸张克数	105g、128g、157g、200g铜版纸或哑粉纸			
封面工艺	平装300g铜版纸、卡纸、相纸覆膜、硬壳精装			
颜色模式	CMYK模式，黑色使用单色黑（C:0，M:0，Y:0，K:100）			

提示 理论上可以使用任意一种尺寸，上表罗列的尺寸也只是因为这样用纸更为合理，是基于印刷的实际情况给出的。如果印刷的数量少、印刷成本高，则可以选择用数码快印，这样就可以直接使用 A4 或 B5 这种国际标准尺寸了。

· **设计流程**

画册的设计流程与海报不同，前期准备需要多花一些时间，读者可以参考下面所示的流程。

梳理文案
处理文案并划分层级，按照主题将逻辑梳理出来（第3章有表格框架可参考），与委托方确认文案。仔细核对，尽量避免后期大幅修改。

整理图片
要求委托方提供可使用的图片，保证清晰度。图片也可以自行搜索或与委托方约定进行购买，需要注意图片的版权问题。

选择风格和版式结构
根据主题内容选择合适的风格和版式结构。

统一性设计
注意整个设计的统一性，根据前面讲的知识点，可以使用统一的样式，或添加相同的色块使整个画册看起来更统一。

排版设计
根据选定的版式结构对文案层级和逻辑关系进行视觉化体现，与其他设计项目不同的是，画册还会涉及目录、页眉、页脚、封面和封底的设计。

增加设计感
根据画面情况，看能否再强化一下设计感，进一步优化画面。需注意在画册的设计中，层次感和空间感的要求不是很高，而更注重排版的精致程度。在合适的位置尽量用图示来代替文字，提高人们获取信息的效率。

11.2.2 案例解析：旅人专访画册内页设计

本小节用一个案例来说明画册内页设计的全过程。假设下表是画册的需求文案（因为只做案例讲解，所以只截取了部分）。

	设计需求	具体内容
页眉/页脚/页码	无页脚，页码和页眉放在一起	旅人专访
文案内容	突出第16位这个信息点 标题：银小河与他的流浪式旅行	银小河——他是我们采访的第16位旅人。他并没有与我们谈论旅途见闻和沿途风光。倒像个被迫流浪的诗人，浪漫而朴素。银小河：我不是诗人，大家都一样。 以脚为尺，衡峰丈原。莫道天地无穷，行走一天便是一天的恩赐。 走久了，天大了，地小了。时间无穷了，人忽略不计了。 往开阔的地方去吧，去感慨，去敬畏，当山川湖泊装进心胸，众生平等
画册类型风格倾向	时尚感	—
相关素材	图片等素材包	—

01 确定版面的大致框架，可以采用网格作为参考线，红框内的部分是版心。

02 把所有当前已知的信息按照框架大致放入版面，可以看到版面效果是非常粗糙的，下面一步一步来解决。

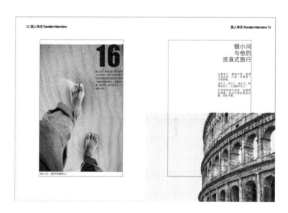

03 可以看出文字在排版时没有划分清楚层级关系。先来修改页眉和页码的细节，用不同的字重将文字的层级体现出来，让文字具有粗细对比，然后用不同的颜色标注出页码，用这两种方法拉开层级后，页眉就变得精致了。

12 旅人专访 Traveler interview

12 | 旅人专访Traveler interview

04 对其他的文字部分进行设计。可以使用橙红色作为辅助色，因为这种颜色的时尚感比较强，也与图片的色彩比较搭配。接着调整右侧的文案，将标题加粗并修改颜色，加入手写英文增强画面的层次感和时尚感。在左侧的文字部分加入一个色块，以叠压的方式叠在配图上，这样可以"突破"原有的图片范围，突显时尚感。做到这里可以发现，只添加一个色块在画面上很难形成"风格"，因此还需要添加一个色块进行"重复"使用，让两个画面产生联系，这样还可以有效降低由于图片风格不同所带来的杂乱感。

05 添加色块后发现没有合适的文案可以放在上面，这时可以通过翻译关键词、提取关键词和增加同义词的方法来补充文案。这里提取原有文案中的关键词，放在右侧的色块上。

06 到这一步其实版面已经基本完成了，但是为了使"风格统一"这一特征更明显。可以在左下角增加一处英文装饰，其颜色与色块的颜色相同。这个英文装饰可以裁掉一部分，使英文变得较难辨识，放大其装饰作用。

07 最终的完成效果如右图所示。

11.2.3 举一反三：延续风格

上一小节举的例子只是一个2P的内页，那如果我们再继续做其他的页面，该如何延续这种风格呢？这里需要注意几点，如页眉的延续、各层级文字排版的字号和字重及间距的统一、色块的延续、标志性装饰的延续。按照这个思路进行制作就可以变换出很多富有变化且风格统一的版面了。

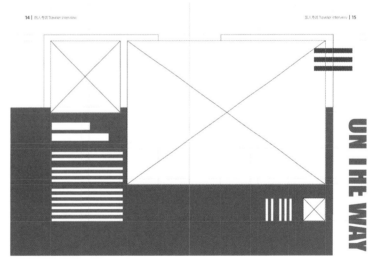

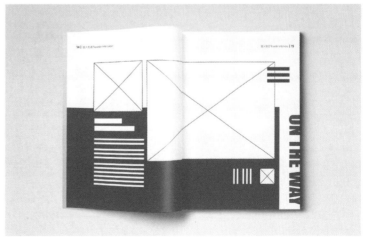

如果还是使用这些图片和文案，但是需要换一种装饰方案，该如何做呢？这里使用添加色块的方式，并采用正片叠底的图层混合模式将色块叠加在图片上。

为了保持统一，其他页面也要添加色块并使用正片叠底的图层混合模式叠加色块。

• **其他类型的画册**

　　以上讲解的例子属于时尚类的画册，但公司介绍或产品介绍类的画册就需要做得规矩一些，加上文案内容很多，版面中的留白相对就会减少。下面列举了两张版式结构原型图，在使用前要先明确设计用途和设计风格。

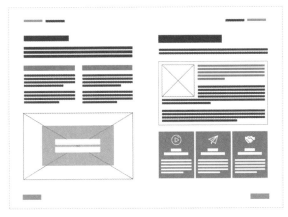
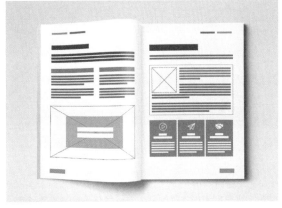

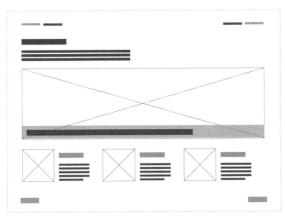
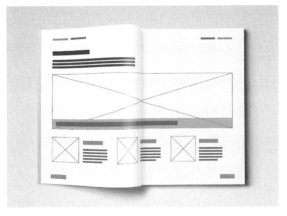

11.3 包装设计

　　包装设计是可以多去尝试的设计类型，因为做这类设计需要一定的知识储备和技能，市场需求量也很大，可以更好地提升设计能力。在做包装设计时，比起设计，更需要了解的是设计之外的知识，如包装设计规范，不掌握这些是无法做好包装设计的。

11.3.1 视觉之外：包装设计规范

　　在设计包装之前，需要了解刀版图。刀版图又叫包装结构展开图，是包装设计中用来标示裁切和折叠等工艺的示意图，用于制作刀模。一般来说，委托方与印刷厂沟通好所使用的包装材料和盒型后，刀版图由印刷厂向设计师提供。刀版图通用的标示方法是使用实线表示裁切部位，使用虚线表示折叠部位，或使用不同颜色的线来分别标示。其实刀版图并不难理解，通过观察并想象包装折叠后的立体结构即可。如果刚刚接触包装设计，则可以通过拆解现有的包装或者打印刀版图后亲手折叠出来的方式来学习刀版图与立体盒型的关系。

使用实线与虚线标示的盒型结构刀版图

使用不同颜色标示的盒型结构刀版图

　　上述情况都很好理解，还有一种情况如右侧这个刀版图所示，图中阴影部分表示盒子的粘口，用于粘贴另一端，以形成封闭结构。如果在这个刀版图上进行设计，则应考虑每个位置需要展示的信息，以及折叠后的外露和内折部分。

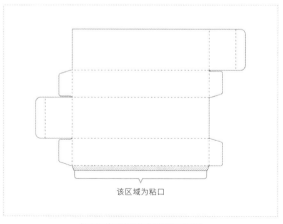

标示了粘口位置的盒型结构刀版图

下面两张图分别为在刀版图上设计的护手霜的包装和折叠后的实物效果图。

前面展示的是比较简单的盒型结构，如果遇到更复杂的包装结构就比较考验设计师的空间想象力了，需要确定好平面方向与立体方向的对应关系。以下面的飞机盒刀版图为例，观察时可以想象一下每一个面折叠起来后的效果，还需要明确每一个面的正向阅读方向。

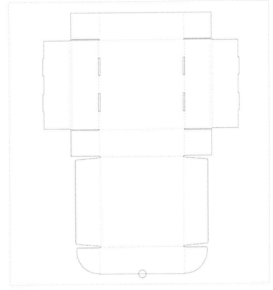

飞机盒的刀版图

接下来通过一组对应的图片来看一下刀版图的平面与立体效果的对应关系，其中黑色箭头表示此面向上。也就是说如果箭头是朝下的，那么在设计时需要将正常的画面反向放置。图中的斜线部分表示非外露面，即在盒子折好的状态下该部分是隐藏在盒子里面的。这一个面在设计时可以只设计底色或底纹，不放置文字内容（特殊需要除外）。为了便于识别，下图中的一些面标注了数字。

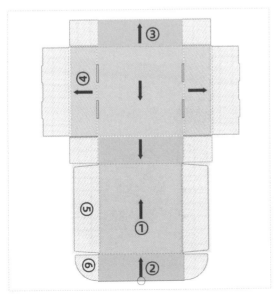

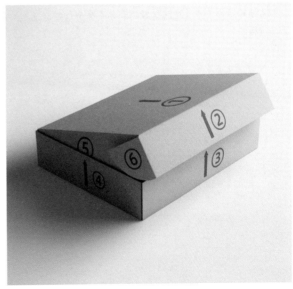

是不是发现这个过程还挺有趣的？但是一旦设计错了就麻烦了，所以需要反复确认，确保每一个面设计出来都是正确的。

> **提示** 如果读者对这个空间转换过程实在不擅长，可以将刀版图打印出来，然后裁剪下来并进行折叠。将每一个面都标上箭头来表示向上的方向，然后展开放在旁边一一对应着来设计平面图。设计完后可以再次打印并折叠确认一下，防止出错。

包装设计与其他的设计类型相比是有一些必须要注意的规范的。读者可以在网上找到电子版的标准规范，也可以购买纸质的版标准规范进行学习，这里主要列举一些重要的注意事项。

- **包装净含量的标注规范**

定量包装商品的生产者和销售者应当在商品包装的**显著位置**正确及清晰地标注商品的净含量。净含量的标注主要由**净含量（中文）、数字和法定计量单位（或用中文表示的计数单位）3个部分组成**。以长度、面积或计数单位标注净含量的定量包装商品可以免标注"净含量"这3个字，只标注数字和法定计量单位（或用中文表示的计数单位）。

	标注净含量（Qn）的量限	计量单位
质量	$Qn<1000$克	g（克）
	$Qn\geqslant1000$克	kg（千克）
体积	$Qn<1000$毫升	mL(ml)（毫升）
	$Qn\geqslant1000$毫升	L(l)（升）
长度	$Qn<100$厘米	mm（毫米）/cm（厘米）
	$Qn\geqslant100$厘米	m（米）
面积	$Qn<100$平方厘米	mm²（平方毫米）/cm²（平方厘米）
	1平方厘米$\leqslant Qn<100$平方分米	cm²（平方厘米）/dm²（平方分米）
	$Qn\geqslant1$平方米	m²（平方米）

定量包装商品**净含量标注字符**的最小高度应符合下表的规定。

标注净含量（Qn）	字符的最小高度（mm）
$Qn\leqslant50$g $Qn\leqslant50$mL	2
50g$<Qn\leqslant200$g 50mL$<Qn\leqslant200$mL	3
200g$<Qn\leqslant1000$g 200mL$<Qn\leqslant1000$mL	4
$Qn>1$kg $Qn>1$L	6
以长度、面积或计数单位标注	2

以下图的啤酒包装为例，该啤酒容量为1L，对应上面的表格，找到应使用的单位是L，使用的字符高度应大于等于4mm。

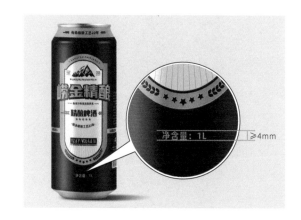

- **设计流程**

包装的设计流程比较复杂，下图列出了一个大致的流程。

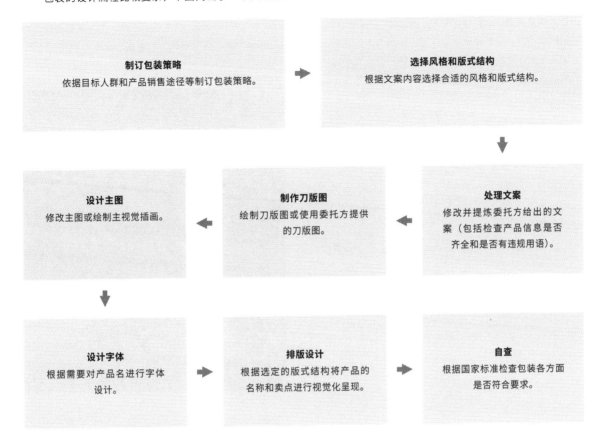

11.3.2 案例解析：沙棘原浆包装设计

本小节用一个包装案例来详细说明包装设计的整个流程。

先与委托方沟通包装设计的意图，经过沟通了解到沙棘原浆是一款健康饮品，主要的受众是女性，主要销售渠道是线上，同时这款产品需要兼具礼品的属性。因此，可以给这款产品确定几个关键词，即年轻、健康、时尚感和具备礼品外观，同时在设计包装时需要与竞品有明显的视觉差异。下表是委托方提供的资料。

	内容	注意事项	说明
产品名	沙棘原浆	是否符合广告法，是否侵犯他人商标权益	可以使用
卖点	100%鲜果冷榨原浆	绝对用词有触犯广告法的可能	改为阳光沙棘冷榨原浆
其他产品信息	配料表、净含量和生产许可证编号等内容	内容是否齐全	若不齐全需补齐
食用方法	开袋即饮、蜂蜜调配、白砂糖调配	补充调配比例	原浆∶蜂蜜∶水＝1∶1∶5

01 制作刀版图。委托方给出的成品尺寸为190mm× 195mm×45mm，盒型为左右开口的封套抽屉式盒型（最好要求委托方提供图示），内托由厂家提供，不需要设计。最好要求厂家提供刀版图，如果厂家暂时没有，可以先自己做，但最后也要以厂家的打样为准。因为这里涉及纸盒折叠后的厚度，如果不准确，就会影响最终的成品效果。按照尺寸制作刀版图并将刀版图的各个面标注出来。

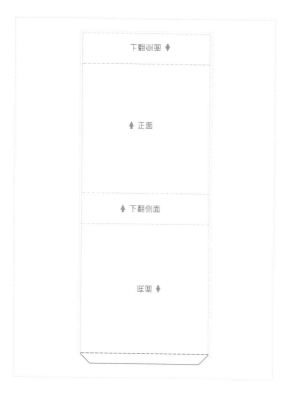

02 设计主图。由于想要表现出沙棘生长在生态环境良好的地方，所以可以在沙棘旁边绘制一只鸟。注意这里选择的鸟必须是张北坝上存在的鸟，也确实是吃沙棘果且为大众所熟知的。这里选择喜鹊，因为喜鹊不仅符合以上3点要求，也具有吉祥的寓意。

提示 如果没有找到想要的图片，可以先用类似的图片代替。例如，这里没有找到喜鹊站在枝头的照片，可以找一张符合姿态要求的其他鸟类的照片来参考，再找一张喜鹊的照片来修改羽毛和配色。

03 根据参考照片先绘制出喜鹊和其中一组沙棘枝条，然后依据包围式的版式结构对沙棘枝条进行重复和环绕处理，组成主视觉插画。

04 设计字体。这里根据整体的画风设计了两款字体，一款是手写风格的字体，另一款则是按照造字法制作的更为规范的标题字体。这两款字体的效果都不错，但是委托方希望字体的辨识度要高、要简洁，所以对第2种字体进行了一些修改。

05 将产品名放入画面中并进行排版，效果如右图所示。产品名看上去有些单薄，主要是因为插画部分有丰富的层次，而产品名的字体是平面的，所以放入画面后就会感觉产品名被置于底层了。

06 为了丰富产品名的层次，可以在产品名周围加入一个标签，让标签看起来像插在枝条中，底部还可以留出飘带的位置放置广告语。

07 添加其他的宣传语、产品的Logo和净含量等内容，这样包装正面的排版就完成了。

08 包装的背面主要用来展示产品的必要信息，内容比较多也比较杂，所以在保证文字的高度大于1.8mm的情况下要将信息尽量排列整齐，然后将内容放入刀版图。放入刀版图中后需注意检查文字内容是否有误，尤其是数字部分。试扫条形码或二维码，确保正确无误，然后检查文字尺寸是否合规，检查是否有不可商用的字体，再检查印刷方面是否准确。检查完后将刀版图按1：1的比例打印出来，确保折叠起来是正确的。

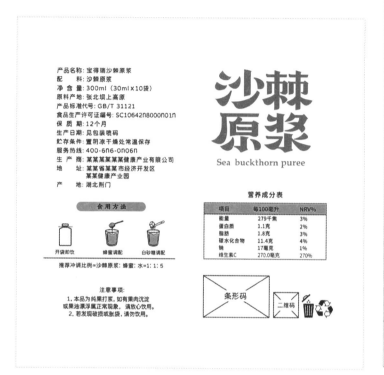

09 以上内容都确认好了之后，就可以制作最终的效果图了。

11.3.3 举一反三：换一种包装材料或版式结构

很多时候同一个销售单元里包含不同尺寸的包装材料。例如，在前面的沙棘原浆案例中，外面的盒子是方形的，内部的独立包装袋是竖条形的，所以需要依据不同的版式来设计，但即使版式不同，也要保持统一性。

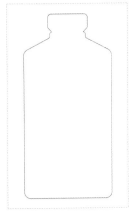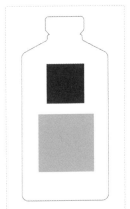

· **内部包装袋的设计**

为了更好地利用版面，可以根据独立包装袋的刀版图使用上下式的版式结构进行排版。

由于外包装的插画是包围式的，如果直接将外包装的插画应用在内部包装袋上就会显得很拥挤，所以这里只用一根沙棘枝条和喜鹊来表现。因为这个袋子有封边，所以版心要向内收一些。

制作出效果图，整套包装的设计就完成了。

- **给外盒包装换一种版式结构**

  前面的外盒包装采用的是包围式的版式结构，当然也可以使用其他的版式结构进行排版，这里换成左右式的版式结构。读者还可以尝试换成其他的版式结构，感受不同版式结构带来的不同效果，并思考哪一种版式结构更合适。

11.4 Banner设计

Banner就是网页中的横幅，常用于广告和活动的宣传。Banner的设计风格一般较为简洁，以便快速吸引人的目光。Banner一般由主标题文字和主视觉图片两部分组成。

11.4.1 视觉之外：Banner设计规范

Banner可以理解为电子版的横版海报，它的设计流程和方法与海报类似。不同的地方是Banner的画面内容以主标题为主，详细信息不需要写得十分全面，因为Banner的作用通常是引导人们点击查看详细信息，这样信息的传播效率会更高。另一个不同的地方就是画布的设置参数。

· **画布设置**

Banner的尺寸往往要根据实际的使用情况来确定，没有固定的尺寸。因为网页的安全显示区域的宽度为1200px，所以Banner的宽度一般设置为1200px。高度则可以根据情况确定，也可以根据网页设置需求确定。

类别	常用尺寸（宽×高）	分辨率（像素/英寸）	颜色模式	常见材质	工艺
Banner	1200px×$n$px	72	RGB	—	—

· **设计流程**

Banner的设计流程与海报的设计流程类似，如下图所示。

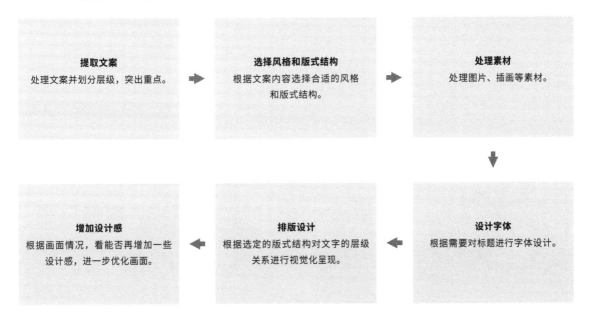

11.4.2 案例解析：公益课程宣传Banner设计

本小节用一个家庭情商教育系列公益课程的Banner设计案例来说明一下Banner设计的整个流程，拿到的文案如下表所示。

活动主题	主标题	积极乐观
活动解释	副标题	家庭情商教育系列公益课程 主讲人：银小河
课程内容	家庭情商教育	无
时间地点	相关信息	直播时间为5月24日20：00~21：30

01 梳理文案。可以看出上表的文案没有对课程内容做解释，因此可以以4字关键词组的方式来补充这部分内容，如可以补充**成员关系、儿童成长、情绪疏导和保持积极**这些词语。

原课程内容	扩充后的课程内容
家庭情商教育	成员关系、儿童成长、情绪疏导、保持积极

02 选择版式结构，因为Banner的主题是家庭情商教育，所以应该做出比较温暖的效果，这里选用左右式的版式结构。

03 根据主题绘制一张暖色调的插画，由于插画中孩子的身体运动趋势是向右上的，所以适合放在版面左侧。

04 为了让插画与文字形成互动关系，先大致将插画和文字内容摆放到版面中，然后进行调整。

05 可以看出原来的标题设计感不强，与插画的风格也不匹配，所以可以使用一种具有设计感的字体或自行设计字体来表现。随后为标题添加英文，以增加标题部分的占比。

06 上一步完成后发现文字的层级关系还不是很明确，因此可以将文字部分按层级进行划分并重新排版，重点突出表示时间的文字。这样一个内容清晰的Banner就设计好了。

11.4.3 举一反三：以同系列进行扩展

本小节将对前面制作的Banner进行扩展，做成一个系列。如果觉得前面的Banner的风格不够年轻且版面的层次感不强，则可以把纯色的背景做成渐变的形式，这样就改变了画面的风格。

> **提示** 很多时候画面风格是由上色方式决定的，换一种上色方式就可以产生另一种风格。

· 同系列扩展

假如这个系列中还有另外两个主题的Banner需要设计，就需要根据这张Banner的风格进行扩展。插画的风格、配色和文字组的排版方式应保持一致，但是版式结构一定要有变化。另外两个主题分别为"共担共育"和"保持期待"，可以将它们的版式结构分别设计成对称式和图右文左的左右式。

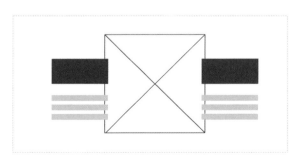

按照之前的方式，先将插画绘制出来再进行排版，这样同系列、不同主题的Banner就设计好了，在应用时可以设置为轮流切换，便于人们理解这是同一个活动。

· **横幅广告**

横幅广告常应用于地铁站和路边的广告牌。线下的横幅广告在印刷材质和画幅的设置上都与Banner不同。

类别	常用尺寸（宽×高）	分辨率（像素/英寸，依据材质和画幅尺寸而定）	颜色模式	常见材质
灯箱广告	依环境而定	120~250	CMYK	灯箱片
大幅喷绘海报	依环境而定	60~150	CMYK	喷绘布或写真布

11.5 长图设计

虽然这里所说的长图的范围比较广，可以是活动详情页，也可以是微信平台的活动页，还可以是用于设计提案的长图，但设计的原理都是一样的。长图虽然包含的内容较多，但是将它拆分后就可以将其当成海报、Banner加画册的综合体，因为长图的功能区域划分与上述几种设计的区域划分很接近。本节将讲解长图的设计。

11.5.1 视觉之外：长图设计规范

因为长图常用来宣传内容较多的活动，所以通常以"总—分—总"的逻辑形式来呈现。"总"的部分可以看作海报，"分"的部分可以看作画册内页。

- **画布设置**

长图的展示终端一般是手机、计算机等电子设备，它的尺寸需要依据展示终端的尺寸来设置。

类别	常用尺寸（宽×高）	分辨率（像素/英寸）	颜色模式	常见材质	工艺
PC端长图	1000px×$n$px	72	RGB	—	—
微信平台正文长图	900px×$n$px	72	RGB	—	—

> **提示** 因为有的长图比较长，所以要避免将图片设置得太宽而导致因平铺的比例太大出现一屏显示不完的情况。

- **设计流程**

长图的设计流程与海报的设计流程类似，如下图所示。

提取文案
处理文案并划分层级，突出重点。

选择风格和版式结构
根据文案内容选择合适的风格和版式结构。

处理素材
处理图片、插画等素材。

增加设计感
根据画面情况，看能否再强化一下设计感，进一步优化画面。

排版设计
根据选定的版式结构对文字的层级关系进行视觉化呈现。

设计字体
根据需要对标题进行字体设计。

对长图来说，功能区域的划分大致如下图所示。活动主题部分可以看作一个Banner或者海报，活动介绍和下面的详情等可以当作画册来进行设计。这里需要注意的是，具有并列关系的元素可以采用相同的样式来设计，稍做区分即可。从上到下可以穿插使用不同的版式结构进行设计，如果上一个区域使用的版式结构是左右式，下一个区域使用的版式结构可以是上下式或其他形式，在不影响整体阅读顺序的基础上加入一些方向变化会使版面看起来更活泼、有趣。

11.5.2 案例解析：书店开业活动长图设计

本小节用一个书店开业活动的长图设计案例来说明长图设计的整个流程。将拿到的文案进行梳理，结果如下表所示。

活动主题	主标题	星空书店开业大吉	—
活动内容	活动信息	11月18日~11月25日，活动期间8.5折	主标题附近位置
介绍内容	经营内容	阅读、购书、吉他教学和科普讲座	放入第1个区域介绍
详细介绍	其他活动时间	科普讲座每周三下午6点 新书发布每周五下午6点 吉他教学每周六下午6点	放入第2个区域介绍
其他活动	开业期间额外赠送	开业期间水果不限量 购物满188元可以抽奖	在尾部再次强调开业内容

01 对文案进行梳理后，查看委托方提供的素材，这些素材是从委托方的VI系统里提取出来的。对于有VI系统的客户，直接遵循VI系统里规定的风格就可以了。如果没有VI系统，则可以根据其行业特征选择相应的设计风格。

02 确定设计风格后，结合前面划分的长图区域开始设计第1部分。第1部分为活动主题的展示，可以将其当作海报或Banner来设计，这里依据海报的版式结构进行设计。

03 设计经营内容的部分，素材里的图标与经营内容是对应关系，所以可以利用素材来并列设计这3组经营内容。上面已经使用了竖向的排版，所以这里可以变化一下，使用左右式的版式结构，3组设计连接起来就形成了波浪形的结构。

04 对书店的其他活动时间进行设计，还是利用素材来并列设计，这里可以采用竖向排版的方式。

05 到这里长图的大部分内容已经设计好了，接下来需要将每一部分衔接起来并补充一些细节内容。开业的内容虽然在上面就介绍过，但是人们看到底部时应该已经不太记得上面的内容了，所以可以在底部再重复一下开业的活动和内容。最终的效果如右图所示。

长图设计起来还是比较容易的，虽然内容很多，但只要分区域进行设计就会简单很多。

11.5.3 举一反三：改变一下风格

在整个长图里可以改变一下设计的风格。变换风格不仅能增强画面的可看性、打破呆板的感觉，也能改变部分区域所占的比例。我们可以通过设定不同部分的面积占比来表达该区域的内容在整个长图中的重要程度，接下来就在上一小节设计的长图的版式基础上调整一下设计风格（左侧为修改前的图，右侧为修改后的图），读者可以观察并分析一下这两种版面的区别。

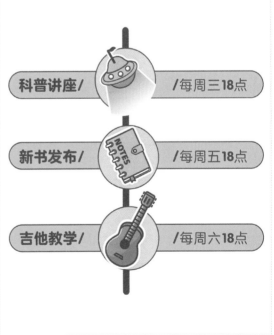

附录

超市的传单真的很丑吗？

超市的促销传单大部分都是红黄配色，给人喜气洋洋的感觉。如果仅从视觉角度考虑，它确实不够精致和讲究。但设计师应该只考虑视觉吗？

"唯视觉论"思考陷阱

任何一个设计项目在设计阶段都涉及下图所列的3个步骤。

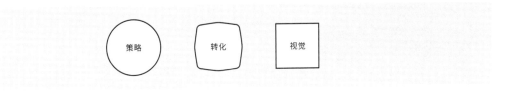

"策略"可以简单理解为要达成的目的。**"转化"**指的是将策略语言转化成视觉语言的过程，包括决定使用哪种设计风格和如何布局元素等。**"视觉"**指的是完成设计所需的技术和审美能力。

如果评价一个设计的标准是好看或不好看，是不是就只关注了视觉部分呢？再进一步说，如果我们看到了一个好的设计，优先琢磨的是作品中的字体是怎么设计的、作品中插画用了什么笔刷等，是不是也只关注了实现视觉效果的技术呢？

很多读者看到一件好看的作品，思考过程可能是以下这样的。

这种风格挺新的/黑色真丑
↓
这里的字体是怎么设计的？/这幅插画用了什么笔刷？
↓
这么好看的效果是怎么做的？/这张图用了什么滤镜？

这样思考当然可以，但是我们要提醒自己不能只站在这个角度思考。再说回超市的促销传单，如果只从视觉角度考虑，它确实不好看，那么我们应该颠覆它的风格，重新做一个简约风格的促销传单吗？也不应该。因为促销传单有它的功能诉求——让消费者觉得品类多、价格优惠，所以即使它设计得不够"好看"，只要足够"有效"就可以了。

综上，在评价一个设计时，应该先"审题"，看"题干"有什么限定条件，要解答出什么答案，再去看设计的结果是否满足这个"题目"。所以如果有些委托方只喜欢"土"的设计，也许他们希望传达的产品气质是接地气。因此，作为设计师，看到一件作品时更应该关注的是前期的推导过程，即**为什么要这样设计**。

聚焦策略转化落地环节

理解了前面的内容后，我们应该把努力的重点放在策略与视觉的中间环节——转化。这需要我们既能听懂策略，又能了解视觉的传播效果。要达到这个目的，需要经过大量的思考。但有时受经验所限，可能思考了也不一定对，这时就可以去研究别人的设计作品，不停地拓宽自己的思维边界。当考虑的角度越来越多时，设计的成功率就越高。

下面以一个柿子的包装为例列举了4种不同风格的包装形式。读者在平时练习的时候也可以多设计几种风格，以便从不同角度分析不同作品的效果。

风格描述	传统风格，有实物图，相对老式	流行风格，有几何抽象感	传统风格，插画和字体为主要视觉内容	偏日式风格，大量的留白，有疏离感
优点	实物图较吸引人	时尚、简洁、年轻人较喜爱	喜庆感强，礼品感足	简约、大气
缺点	实物图会降低画面的时尚感	不是大众熟悉的风格	没有实物图，只有插画作为参考	很难激发人们的购买欲，适合人群较少
适合群体	大众	年轻群体	大众，偏年轻群体	偏年轻群体
与"家有喜柿"主题的匹配程度	8分	7.5分	10分	7分
适合的销售渠道	市场、集市、超市	电商	电商	电商、商场
预计销售价格	中低	中高	中高	高
该风格还适合什么产品	糕点、传统小吃、熏酱食品	果茶、巧克力、曲奇、咖啡	传统糕点、坚果零食、节日食品	传统食品、酱料调味、伴手礼

这里进一步说明一下，第1个包装中有实物图，风格相对传统一些，代表着产品很"实惠"，适合下沉市场。与之相对的第4个包装中没有实物图，充满简约感，但在市场上售卖时，没有导购讲解是很难自动产生销量的。因为当一款包装的设计水平略高于消费者的审美水平时，会促进销售，而高太多则会影响销售。因为这暗示着"包装设计费很贵，产品不实惠"。所以第4个包装可以定位为礼品的包装，并且售卖的价格较高。

因此，只有在明确了销售渠道、了解了购物群体，并综合考虑了价格等方面的因素后，才能判断一个设计是不是"有效"的，而不是仅凭一张图就评价好不好看。联系后面讲的"对数增长曲线技能"和"指数增长曲线技能"，相信读者对自己学习精力的分配会有更清晰的规划。

学设计两年了，还是觉得没什么进步？

很多设计师都会在学设计的第2年感到茫然：一是感觉自己一直没什么进步，看起来好像和刚开始学的时候没什么区别；二是会感到焦虑和恐慌并开始怀疑自己。如果你属于第1种情况，那么就一定要警惕了，你可能掉入了学习的陷阱。如果你属于第2种情况，那么恭喜你，你很快就会度过自己的平台期。

如何判断自己属于哪一种情况呢？别着急，先来了解一下斯科特·扬（Scott H.Young）提出的两个概念——"对数增长曲线"和"指数增长曲线"。

对应到技能里，"对数增长曲线"是指在开始的时候技能提升的速度非常快，到后面则越来越慢，最后会到达一个"平台期"——付出极大的努力换来的只有一点小小的突破。

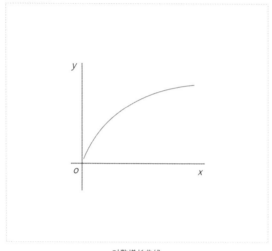

对数增长曲线

对应到技能里，"指数增长曲线"是指在开始的很长一段时间里几乎没有任何能让人看出来的技能的提升，直到某个时候突然像突破了某种障碍一样，技能提升的效果一下子显现出来。而且随着时间的推移，技能水平会提升得越来越快。

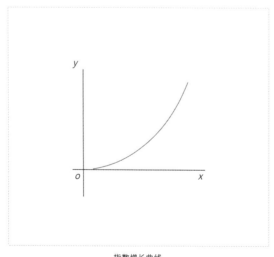

指数增长曲线

了解了这两种增长曲线，回到开始的话题——你的迷茫属于哪一种？对设计师而言，哪些是"对数增长曲线技能"？

设计师的"对数增长曲线技能"

——学习一款新软件的操作。
——"跟风"一种新的设计风格。
——学习其他相关行业的知识。
——其他。

在刚开始学习新软件时，我们可能会因为学得快或者新开启了一款新软件的学习而产生一种优越感。然而随着学习的深入，后学的人也会很快掌握软件技能，用不了多久在某种程度上大家实力相当。这时候比别人多掌握某款软件也就变得没什么了不起。这就出现了典型的"对数增长"形态——前期增速快，后续增速放缓。如果有其他小伙伴不甘示弱，为了保持这种优越感，迅速开始另一款新软件的学习，这样小伙伴之间会隐隐约约有种"比谁会的软件更多"的风气。似乎多会一款软件就等于多掌握了一项技能。这种高成就感、低难度的技能获取陷阱普遍存在。

同样，还有"跟风"学习某种流行的设计风格，其实掌握了该设计风格的显著特征后，便能做出八九不离十的效果，这带给我们的成就感是很大的。但要知道，这只是扩展眼界和提高技术的一个方法，掌握了新风格之后还是要回到主线任务上来，不要一直沉迷于某种风格。因为单就设计而言，有些风格会很快过时，新风格也会源源不断地出现。还有的设计师会在迷茫的时候觉得设计很难，坚持不下去，转而去从事其他与设计有关的行业，觉得自己既没有浪费原有的技能，又学习了新知识。这也是陷入了"对数增长曲线"的陷阱。因为在进入新行业之初，学习了基础知识就大概可以做出一些作品，会给人一种仿佛掌握了新技能，甚至找到了属于自己的行业的错觉。

不是说新知识不该学、新风格不该了解，只是要厘清这些背后的"对数增长曲线"陷阱。有些新知识容易学、容易上手，在刚刚接触后就能让我们获得极大的满足感。但我们绝不能停留在这个舒适区里，满足于这些知识带给我们的"虚假获得"。因为真正对我们长期有益的技能绝不是以"对数增长曲线"的形式出现的。

以上的例子与讨论仅限于为那些本能够成为一名出色的设计师却因迷茫而走错路或放弃的读者提供建议。如果你学了一段时间的设计后，发现真的不喜欢，那么及时"止损"也是很明智的。但入门任何一个行业之后都会发现它并不简单。

那设计师的"指数增长曲线技能"有哪些呢？

设计师的"指数增长曲线技能"

——学习设计理论和视觉实践。
——培养市场策略思维。
——其他。

学习设计理论和视觉实践、培养市场策略思维等，这些知识的学习和积累过程就符合"指数增长曲线"。在前期学习这些理论的时候，由于储备不足，常常会出现"自以为掌握了某种理论，但一用就错"的挫败感，以及"学习了很多理论，但关键时刻一个都用不上"的迷茫感。请不要着急，尽管去学、去实践、去深挖每一个知识点，实现知识从量变到质变。越是底层的知识，越难很快掌握，因为属于"指数增长曲线"的技能不是某种看得见和摸得着的"技能"，更多是指底层的框架和逻辑，以及思维方法。

"指数增长曲线"也可以看成复利曲线,"复利"在设计里面的理解就是前期的积累会在后期成倍地参与新知识的建设,带来"1＋1＞2"的效果。因此,学习基础理论知识就是为后面学习更多、更复杂的知识打的"地基"。

这里引用一名网友的提问。

提问

老师您好,我现在特别迷茫,我从事平面设计两年了,设计的作品还显得非常初级,但自己想学的东西特别多,就东学学西学学,如网页、代码和插画等,我感觉学得特别杂,回头看的时候也是边学边忘,最后平面设计也没有学好,我觉得这样下去不好,现在想先专注一个方面,我要怎么开始和怎么循序渐进呢?

回答

你好。要知道所有的路都不会白走,不要觉得自己学过的东西最后没用上是在浪费时间,那些曾经学过的技能日后可能都会成为你新的竞争力。但你觉得杂也是完全正确的,这些技能并不在一条主线上,换句话说,你现在最需要的是找到一条路并向前走下去。我不知道你现在的设计水平如何,如果"非常初级",那么你应该没有系统地学习过平面设计,或者说没有扎实的理论基础作支撑,所以一做设计就没头绪,感觉自己不是在设计而是在"瞎摆放"。学习有时候就是这样的,深入需要很大的勇气,要面对过程中的枯燥。每个设计师可能或早或晚都会面临"从全面到专精"的选择,这时一定要慎重。选择的方向必须是你很感兴趣的,并且要考虑行业前景,以及与你现有技能的衔接。希望你能早日明确努力方向并且鼓励自己进行下去。

虽然本书是以"版式设计"这一基础技能为主题的,但这篇附录提到的都是更深层次的思考内容,这是希望能对读者今后的职业规划起到一些帮助作用。希望那些正在迷茫的设计师不要因为迷茫而放弃,也不要因为迷茫就随意切换"赛道",属于你的"指数"拐点可能马上就到了。